大/家/译/丛
TRANSLATIONS

平静的革命

Un million de révolutions tranquilles

Bénédicte Manier

［法］贝内迪克特·马尼耶 /著

王天宇　盛莹莹 /译

海天出版社（中国·深圳）

图书在版编目（CIP）数据

平静的革命 ／（法）贝内迪克特·马尼耶著 ；王天宇，盛莹莹译． —— 深圳 ：海天出版社，2018.1
（大家译丛）
ISBN 978-7-5507-2228-6

Ⅰ．①平…　Ⅱ．①贝…　②王…　③盛…　Ⅲ．①环境保护　Ⅳ．①X

中国版本图书馆CIP数据核字(2017)第303509号

版权登记号　　图字：19-2017-135号
Un million de révolutions tranquilles
Bénédicte Manier
© Éditions Les liens qui libèrent, 2016
This edition was published by arrangement with L'Autre agence, Paris, France
and Divas International, Paris巴黎迪法国际版权代理 All rights reserved.

平静的革命
PINGJING DE GEMING

出 品 人　聂雄前
责任编辑　林凌珠　岑诗楠
责任校对　丁放鸣
责任技编　蔡梅琴
封面设计　知行格致 Tel.0755-83464427

出版发行　海天出版社
地　　址　深圳市彩田南路海天综合大厦（518033）
网　　址　www.htph.com.cn
订购电话　0755-83460239（邮购）　83460397（批发）
设计制作　深圳市龙瀚文化传播有限公司 0755-33133493
印　　刷　深圳市华信图文印务有限公司
开　　本　787mm×1092mm　1/16
印　　张　16.5
字　　数　200千
版　　次　2018年1月第1版
印　　次　2018年1月第1次
定　　价　42.00元

献给科莱特·克雷德尔，

如果没有她，我可能无法完成此书。

序

> 另一个世界，存在
> 于这个世界。
>
> ——保尔·艾吕雅①

  本书于2012年初版，首次描述了全球范围内公民社会在社会、经济和生态方面所做出的创造性改变，受到了致力于创造新世界的一代人的关注，并于2013年荣获"环境保护图书奖"。它不仅推动了其他同类书籍的写作，其中一些创意更是被收入纪录片，如由西里尔·迪翁和梅拉妮·洛朗执导的《明天》（2015）以及菲利普·博雷尔拍摄的《放慢节奏，刻不容缓》（2014）。"平静的革命"这个词甚至成了一个统称，来形容公民社会做出的改变。

  现在的第二版，我们继续来到各大洲民众当中，了解他们如何解决环境恶化问题、摆脱贫困、改善都市的人际关系。无论是身处纽约这样的大都

---

① 保尔·艾吕雅（1895—1952），法国著名诗人，超现实主义代表作家之一。——译注

市，还是生活在亚非的小村落里，大家总能找到一些新的解决办法：或是让沙漠重现绿意，或是帮助一些地区恢复生态系统、解决饥饿问题、创造工作岗位、发展可持续性农业，抑或是促进当地民主革新。同时，数以百万的民众也决定以另外一种方式生活，停止过度消费、重建生态环境、改变消费方式，以便更好地生活。

这本书将对世界上的这些变化做一个回顾，但并非面面俱到（变化多达百万），而只选取其中最有意义的来详细描述，谈一谈如果这些措施在各地推行，是否能够改变整个世界。

由于许多大型非赢利性机构的工作早已广为人知，所以我们在此不再赘述。在这本书中，我们将主要关注无名者所付出的努力，他们或凭一己之力或以非正式团体的形式，通过自身的经济活动、农业劳动、消费或是工作，用简单而又极易复制的方法改变了无数民众的命运。民众如何改变与自身息息相关的生活，这将是本书的主线。在几十年的时间里，他们行动遍及全球，形成了一个由小小的革命组成的巨大网络。下面，就让我们一同去看看吧！

目　录

第一章

水，共同的财富

> 因为大海属于所有人，海岸和空气也如此。
>
> ——查士丁尼一世，《学说汇纂》[1]，公元前535年

水是生命的源泉与养分，现在却正面临枯竭的危险。人口数量的不断增长，农业与工业用水量提高，威胁着全球的水资源。受城市化、森林面积减少以及气候变化的影响，自然水循环（蒸发、降水、渗透）系统遭到了破坏，而只有它才能保证水资源的循环。与此同时，从非洲到美洲，从西班牙到中国，从南亚到中亚，沙漠化波及各地。据世界银行统计，从现在起至2025年，全球半数人口将长期处于缺水的状况，水资源的分配不均也造成了某些地区地缘政治的紧张局势。

其中最为严重的当属印度。经济与人口的双重增长对当地水资源造成了巨大的压力，仅农业用水就占用水总量的90%，河流与地下水资源面临枯竭。[2]四分之一的印度人受干旱困扰，水资源定量配给是经常的事——在新德里，水阀每天仅打开几个小时。大多数研究预测，印度水资源将于2030年至2035年间完全枯竭。

---

[1] 《学说汇纂》（Digeste）是《国法大全》的构成部分，由东罗马皇帝查士丁尼一世颁布。《国法大全》是一部汇编式法典，罗马法的集大成者。——译注

[2] 参见贝内迪克特·马尼耶的《水之于印度，地缘政治与社会的关键因素》，《外交世界》，亚洲星球，2010年。（本书未特别标注的均为原注）

第一节 低科技，但有效的解决方法

还水于地

印度的拉贾斯坦邦正面临严峻的考验：四分之三的地区严重缺水，农业用地不断减少。美国国家航空航天局的卫星云图清晰显示，该邦位于印度西北部沙漠化地区的中心。[①]

然而，在如此干旱的拉贾斯坦邦却突然出现了一个例外。一进入阿尔瓦尔市，首先映入眼帘就是葱郁的树木和田野，湿润的大地被耕犁出一道道痕迹，恍惚间人们竟以为到了法国的诺曼底：和该邦其他城市尘雾滚滚的景象大相径庭，这里流水淙淙。而这些改变，均归功于一个人及其团队的努力。

1985年，拉金德拉·辛格作为卫生官员来到阿尔瓦尔市，很快便发现当地儿童普遍营养不良。为此，他深感担忧。村里的人告诉他，因为土地严重干旱，粮食歉收，他们每天最多只吃一顿饭。"那时，一切都干了，一棵草也找不到，"拉金德拉回忆说，"靠农业和畜牧业为生的人被迫放弃他们的谋生之道。"沙漠化严重侵蚀土壤，以致在雨季来临时，水流冲刷而过却无法储留在含水层里。

[①] 参见http://www.nasa.gov/topics/earth/features/india_water.html。

一天，一位老人告诉拉金德拉，拉贾斯坦邦过去曾建过一些蓄水池，用来收集雨水，让它渗入土壤。这些蓄水池早在13世纪就被投入使用，殖民时期才被废弃：英国殖民者认为这些水池不卫生，便下令填埋。蓄水池停用后，失去水源的水井都干枯了，于是妇女不得不到更远的地方找水，据拉金德拉讲述，"她们要把水坛顶在头上，往返6个小时。"女孩为了帮助自己的母亲，常常不得不辍学。"方圆几公里唯一的水井枯竭之后，人们便被迫迁移到城市。"他回忆道。

为了帮助村民，拉金德拉建议重建蓄水池。但事情的发展却并不顺利，当地政府认为这一系统早已过时，反对重建。拉金德拉决定换一种方式，在村民惊讶的目光下，他开始独自刨土，在炽热的阳光下每天工作10到12个小时。三年多后，第一个蓄水池完工，当它开始蓄水的时候，村民们明白了，水是会回来的……

在拉金德拉试图改进旧的蓄水池系统的时候，一位年轻的工程师向他伸来援助之手。这位工程师设计了一个结构严密的水网系统，将阿拉瓦利岭脚下的排水区与一些运河（它们将水引至蓄水区，那里的土壤则更易于水的渗透）相连。拉金德拉拿着设计方案，将村民聚集在一起，请求他们尽可能地施以援手：一些卢比、几把铲子、铁镐，尤其是帮上一段时间忙。这一次，数百个村民自愿加入。改建方案启动了，男人在烈日下掘土，女人则头顶篮子负责运送瓦砖石。一年内，仅靠土制工具和简陋的技术，这支小队伍就挖掘出了50座蓄水池。

如今，这一水网系统覆盖了1.1万个水坝、运河及盆地，为1000多座村庄超过79万群众提供饮用水。两到三次季风所运送的雨水及运河水，足以让含水层恢复正常。丰沛的蓄水一旦恢复，地表含水层也就恢复了原样，"由于水能够自然地涌出，村民掘井的时候，只要挖到过去三分之一的深度就可以了。"默里克·西索迪亚解释道，他是拉金德拉所创立的民间机构"青年印度联合会"（简称TBS）的成员。

一位农妇从她家旁的水井里打了一桶水，并笑着帮我倒了一杯，在土壤的天然过滤作用下，水质澄澈，完全符合饮用标准。在干旱的拉贾斯坦邦内，季风每年的到来愈发不规律，如今只剩下阿尔瓦尔市的水井还是满的。"尽管我们曾经历了三年的干旱期，但这里的水井却一直是满的，居民也总是拥有两年的储蓄水量。"拉金德拉总结道。季风带来的雨水补给了水源，在过去的40年里消失的5条河流（包括阿尔瓦里河）重现活力。同时，巨大的天然蓄水池也恢复如初，芦苇与鱼群再次出现在了人们的视野当中；在阿拉瓦利岭，人们在海拔700米的地方建了一个人工湖。此后，居住在山上曼达尔瓦斯的村民不必再去山谷取水。

水的回归还改变了当地的经济状况。农民在曾经贫瘠的土地上重新开始耕种，随着可耕地面积不断增大，他们的收入也显著提高。拉金德拉鼓励他们，除了需水量少的本地作物（如洋葱、小扁豆、土豆、黍子等）外，还可以尝试种植其他作物。此外，最好不再使用肥料和杀虫剂，因为这些化学药剂会耗费水资源。在众人的努力下，土地每年可收获两至三次，农民不仅可以自给自足，还可以将多出来的作物投放到市场上去卖。据拉金德拉回忆说，"他们平均每年挣6万卢比，比印度的贫困线高出了三倍。"畜牧业也同样收入可观：自牛羊开始吃自然灌溉长成的饲料后，"平均产奶量从每天一两升上升至十余升"。

生态系统的修复深刻改变了当地居民的生活，营养不良的现象已经消失。家门口就有水井，妇女不再需要出门寻水，女孩也得以重返校园。农业工人不再向城市迁移，阿尔瓦尔市村庄的人丁再次兴旺起来。如今，农民们建起了一两层楼的住宅房屋（代表着印度农业的繁荣），它们绚烂的色彩在田野的映衬下尤为耀眼。

　　傍晚，夕阳西沉，我与拉金德拉一同在农田里静静地散步。他嘴角一直带着笑意，高兴地带我参观当地重现的繁荣景象。远处，一个领着羊群饮水的牧羊人向我们打了声招呼。一片片由盛着水的小块土地所组成的农田，在阳光的映照下，竟不似农田，倒像一个个闪闪发光的棋盘。一排排树木支撑着蓄水池的内壁，用自己的阴影保护着水，以防蒸发。同样，农田四周也围着一些树和石头做的矮墙，以保证一定的湿度。平原和山丘到处是灌木，可以保持土壤的水分。"我们试着践行一条原则：从大自然获取来的水应当回归自然。"他对我说道。

民主共治

　　蓄水池系统的另一个成功之处，在于其创新的水资源管理方式。在排除了政党、阶级和村落之间的普遍争议后，拉金德拉通过建立村民大会，民主地管理水资源。无论男女，无论社会阶层高低都能平等地参与其中——这是一次小规模的印度社会改革。水井的记录工作由一位村民，通常是小学老师负责，他需要定时记录水井的水位。"一切都是透明的。大家都知道还剩下多少水，所有人都要为此负责。"拉金德拉对我说。家庭用水免费，但农民的灌溉用水则需要按量付出相应的卢比、工具或是工时。村民大会上所做的决定需要得到大多数人的赞同。"（村民们重新）拥有了平等和共同利益的意识，懂得了当地的民主精神。"他向我解释道。阿尔瓦里河流域的70座村庄的居民也在当地建立了一个"水议会"，来保护河流的生态系统。

与此同时，土地重新回到了村民们的手中：他们关闭了违法的采矿场，建立学校，开放了52处门诊，并采用当地草药进行治疗，自主管理一个自然保护区，并于1995年宣布建立"人类野生生物保护区"。如多米诺骨牌一般，水资源的重新分配最终彻底改变了当地生活。

2015年，拉金德拉因证明沙漠化和农村贫困并非宿命，而荣获著名的斯德哥尔摩水奖（"诺贝尔水奖"）。但他谦虚地表示，自己"不过是帮助人们实现了他们所需的愿望。要知道他们完全有能力自己去实现这一切"。的确如此，每一个团体都具有这样的潜力；阿尔瓦尔市的引流系统建设仅仅是让当地居民重新发觉了自身的行动力。

如今，许多印度人开始追随拉金德拉·辛格的脚步。距离他住所不远的一位女性，阿姆拉·鲁亚主持建造了200座小型雨水蓄水坝，在她的帮助下，100多个村庄的土地恢复绿意，20万人的生活质量得到改善[1]。在拉克斯曼·辛格的领导下，斋浦尔[2]附近，一些市民组成了"水资源卫士"团体，重新治理3万公顷土地并种植了100万棵树苗。他们取得了卓越的成效：90个村庄脱离贫困。同样，塔尔沙漠中的一些村庄[3]也极为重视雨水储存，并最终因此获得拯救。在印度西南部，班加罗尔的一位工程师艾亚帕·马萨基为4600个村庄重建储水系统，改变了几十万民众的

---

[1] 参见《一位女性是如何运用传统的蓄水方式来帮助拉贾斯坦邦100个村庄的土壤恢复肥沃的》，《更好的印度》，2015年12月15日。

[2] 斋浦尔，拉贾斯坦邦首府，印度北部古城。——译注

[3] 格拉维联合会和法兰西自由基金会在当地修建了一些蓄水池（taankas，印地语，是一种传统的雨水储存技术）。

生活状况[1]。雨水回收以及40万棵树木的种植帮助罗勒冈西堤成了马哈拉施特拉邦最富裕的村庄[2]。在大部分生态革命当中，水资源都由群众共同管理（水务会即村民大会）。

如今，印度城市普遍实行雨水回收。在金奈，"银河系"组织免费为居民在屋顶安装集水装置；在班加罗尔，"雨水俱乐部"联合会给1000多幢大楼配置了雨水储蓄装置。众所周知，一座在季风来临时每天会落下30亿升水[3]的城市，其水资源却仍需定量配给。据环境科学中心（CSE）主任吉塔·卡瓦哈娜说，在新德里，"总统府、机场3号航站楼、佳米雅综合大学、提哈监狱也配备了雨水收集装置"。此外，这一印度非政府组织还对所有传统的雨水收集系统进行了统计[4]，并号召全国上下对这些系统重新加以利用。

未来之路

尼泊尔、阿富汗、伊朗、泰国的一些村庄也引进了拉金德拉·辛格的储水系统。在中国，甘肃省大规模的雨水收集工作极大地改善了当地的收成，为1500万居民提供饮用水并浇灌了120万公顷的土地[5]，引得其他17个省份纷纷效仿。但奇怪的是，为何欧

---

① 参见Water Literacy Foundation（水资源认知基金会）网站：http://www.waterliteracy.tk/。

② 参见http://www.annahazare.org/ralegan-siddhi.html。

③ 参见S. 维什瓦纳特的《是时候减少水足迹了》，《印度人》，2012年6月9日。

④ 参见http://www.rainwaterharvesting.org/Rural/Traditional.htm。

⑤ 来源：联合国环境项目（www.unep.or.jp/ietc./publications/urban/urbanenv-2/9.asp）。

洲没有系统的雨水收集设施？在那里，农业耕种早已穷尽了含水层，以致每年夏天都不得不减少用水量。

该方法在高海拔地区同样奏效：在拉达克的喜马拉雅山区，一位工程师齐旺·诺菲尔设想利用微型水坝（它们到冬天就变成了人工冰川）来储存雨水。在那里，水的回归提高了收成，缓解了农村人口外流。[1]在秘鲁，安第斯山脉的农民重新利用古老的印加蓄水法，将水引至山顶，将其净化后再流入下游地区。[2]

屋顶集雨器遍布全球，尤其是在澳大利亚、英国、德国、日本、新加坡以及布基纳法索、塞内加尔、马里、索马里和埃塞俄比亚的村庄。在世界人均用水量最大的国家——美国，140个大型公共集水装置被安装在了纽约的各个公园中[3]。在格勒诺布尔，有一个公园负责将回收的水进行储存并重新分配[4]。

雨水收集这一措施适用于全球。目前，地球上三分之一的地下水储存已"身处困境"，难以自我恢复[5]。到2030年，预计三分之二的人口无法获取可饮用水，而这项措施的推广将扭转这些不幸。数百万安装简便的微型雨水存储系统能够改善恶化的生态环境，改变农村的贫困状况，从而避免农村每年百万的人口流失[6]。

---

[1] 参见莎瑞雅·帕瑞克的《创造人工冰川以满足拉达克用水需要的那个人》，《更好的印度》，2014年11月6日。

[2] 参见《瓦罗奇里的蓄水池：安第斯山脉的含水层补给》，社会水资源及流域环境管理局（GSAAC），2006年6月。

[3] 参见Grow New York：www.grownyc.org/openspace/rainwater-harvesting/map。

[4] 参见扬妮克·诺丹的《在格勒诺布尔，雨水被储存并重新分配》，《导报周刊》，2010年9月9日。

[5] 参见格扎维埃·德梅尔斯曼的《地球上的地下淡水储量已危在旦夕》，《未来科学》，2015年6月19日。

[6] 比如在墨西哥，每年有90万人离开家乡，搬迁至城市或移民美国。参见《联合国防治沙漠化公约》（UNCCD）：www.unccd.int/en/resources/Library/Pages/FAQ.aspx。

它们在保证水资源持续自足的同时，还能避免因水源稀缺而导致的地区冲突①。此外，由于世界上四分之三的工作都直接或间接地依靠水源供给②，这些系统还能保证当地活动的正常开展。斯洛伐克的一些水文学家经科学研究证明，系统的雨水收集对气候变化有益，因为土壤在储集雨水之后，能够帮助恢复水的自然循环，减缓温室效应③。

　　在拉贾斯坦邦的生态绿洲上，看着河水淙淙，重新焕发生机，拉金德拉·辛格对我说："气候危机是全球性的，但解决这一问题只能依靠地方力量，像我们这样，自己靠自己。"

第二节　布基纳法索的"赤脚"农学家

　　在萨赫勒，另一个遭受沙漠化侵袭的地区，雨水在农业中的运用同样产生了惊人的效果。20世纪80年代，布基纳法索的亚滕加省遭遇了一场史无前例的干旱，农田颗粒无收，数百个家庭背井离乡。一天，看着自家龟裂的土地，古尔加村的一个农民雅各巴·萨

---

① 据联合国估计，全球80%的武装冲突发生在因缺水而生态环境恶化的地区。

② 参见《水与工作》，联合国教科文组织，巴黎，2016年，http://unesdoc.unesco.org/images/0024/002441/244163f.pdf。

③ 参见达妮埃尔·奥夫南的《水的新范式》，2013年（https://blogs.attac.org/paix-et-mutations/article/pour-un-nouveau-paradigme-de-l-eau）以及M. 克拉夫斯克等人的《帮助气候恢复的水——一个水的新范式》，2007年（www.waterparadigm.org/download/WaterfortheRecoveryoftheClimateANewWaterParadigm.pdf）。

瓦多戈①想，要不试试已经被遗忘的方法——扎伊（zaï）②：在土地上挖掘圆形小洞，并在其中放置种子和一些肥料。当雨季来临时，雨水便被储集在洞中，帮助种子发芽。

雅各巴·萨瓦多戈着手行动，第一次就获得了以往两倍甚至四倍（根据作物的不同）的收成。随后他决定推广这一耕作模式，骑着摩托车向附近村庄的村民宣传，并在当地市场组织座谈。经过交流，村民们对该模式进行了改进，将石头排列成线，以存储水③，并调整了每公顷土地上圆形洞的分布密度。相关的推广联合会随后成立，另外两个农民也帮忙普及了这项技术：乌塞尼·佐罗梅根据土壤的自然属性改进了"扎伊"，并在多县创立学校进行推广；阿里·韦德拉奥果将该模式与树木种植相结合（树的根部能够保护土壤中的水分），并将其教授给数十个农民，由他们普及开来。几年内，该耕种模式使许多不毛之地重现绿意，300多万公顷土地恢复生机，农村人口流失现象减缓，布基纳法索的粮食生产自给自足的水平也得到了提高④。

如今，在联合会⑤的帮助下，经农民的自发推广，"扎伊"在萨赫勒地区的8个国家施行。在尼日尔，这项技术又被称为"塔沙"（tassa），由13位曾在布基纳法索学习的农民引入。尽管需

① 2010年发行了一部以雅各巴·萨瓦多戈为主角的纪录片《阻止沙漠化的人》（www.1080films.co.uk）。

② 这是一种源于西非的传统种植方法，它以特殊的点播形式，将水和肥料集中在一些用短柄锄开垦的微型水池（直径30至40厘米，深10至15厘米）中，这些微型水池每隔80厘米按梅花形分布。——译注

③ 《布基纳法索的当地改革在农民之间推广》，布基纳法索的发展之门（http://www.faso-dev.net/IMG/article···/Innovation-locale-au-Burkina-Faso.pdf）。

④ 参见食物权特派记者奥利维耶·德·许特于2010年12月20日在联合国大会上的报告。

⑤ 即"美好承诺"联合会、"扎伊"促进萨赫勒发展团体联合会以及"扎伊"学校联合会。

要众多劳动力（每公顷需挖掘1.2万至1.5万个洞穴），但它却为萨赫勒地区的村民（和其他地区农民一样，他们是气候变化的首要受害者）带来了希望。

"扎伊"与拉金德拉·辛格在拉贾斯坦邦开凿蓄水池，他们取得的成功也间接证明，西方体系不是他们走向现代化的唯一途径。事实上，要对失常的气候进行测定之后，才能发现，水坝建设、森林砍伐以及工业化农业活动破坏了整个生态系统；也才能了解地方水利技术[①]的用处，这些技术在废弃前确保了大片土地在过去几个世纪的收成。一些技术含量不高的解决措施如今再次发挥了引导作用。

第三节　民众又有了水资源

自我分配

饮用水是一笔共有财产，大家都有权利拥有它，还是说这是一项可以被私人占有、买卖的资源？这些问题背后，众多庞大的经济利益相互纠葛。跨国公司私自占有地下水资源，并将其灌装成瓶进行贩卖，这一现象在世界各地随处可见，甚至包括印度、

---

① 比如在印度的喀拉拉邦，传统的水塘被水坝所替代，导致曾经肥沃的土壤被破坏。关于这些当地信息，参见阿努潘·米什拉的《印度沙漠的水传统》，2001年由阿尔马丹出版集团出版。

澳大利亚、美国的加利福尼亚州和得克萨斯州等一些严重干旱的地区，环境因此受到了不可逆的伤害。希望保护自身水权的居民也对此争论不休，他们的诉讼方式各异，从私下签订合约到停止泵水（如2006年，为反抗雀巢饮用水公司，巴西伊塔蒂艾亚国家公园的泵唧被关闭），甚至关闭工厂（在印度村庄与可口可乐公司的斗争中，此类事件曾多次发生，尤其是2005年的普拉奇马达骚乱[①]）。

　　20世纪90年代，正如工业泵唧的大量出现一样，世界范围内掀起了一股水资源私有化的浪潮，由此导致众多国家爆发了水资源保护运动，如南非、新西兰、意大利、美国……一些运动成功地让水资源回到了大众手中，比如在图库曼（阿根廷），当地居民在水资源私有化后拒绝支付账单[②]，又比如费尔顿镇（美国）居民重新买回了本地水资源。

　　另一场标志性的战役发生在玻利维亚的科恰班巴市，最终同样以水资源的回归作结。2000年，该市水资源被特许由图纳里水资源公司私有经营[③]。消息一经发出，顷刻间，账单爆炸般堆积，人们纷纷拒绝支付。无论是城市居民还是农民，均对此表示不满，要求结束私营化：示威游行、设立路障、罢工、与警察发生冲突，事件接连发生，造成一人死亡，数人受伤；2000年4月10日，一场5万人的游行最终迫使政府退让。合约取消，水资源的分

---

① 至2016年，可口可乐公司受群众压力和销售额下降影响，在印度的24个罐装工厂中关闭了5个。它已不再是罐装水市场的领导者。参见《报道：可口可乐20%在印度的工厂已关闭》，《回归现实》，2016年3月21日。

② 参见贝尔纳·德·古韦洛和让-马克·富尼耶的《本地居民反抗水资源行业"私有化"：以图库曼（阿根廷）和科恰班巴（玻利维亚）为例》，IRD《他处》，2002年第21期。

③ 同上。

配回归公共企业①。但由于效率低下，科恰班巴市半数市民仍无法获取可饮用水。南部市民因而组建地方团队，挖掘土地，建设蓄水池，铺设运水管道。几年内，100多个由市民②组成的合作社确保了南部地区的基本供水，成了该市众所周知的案例。

　　这种自发组织的出现，部分原因在于南部地区有许多来自安第斯高原地区的移民，他们历来拥有"ayn"③的传统。由群众自发管理水资源的现象其实在拉丁美洲十分常见，当地的农村合作机构负责输水管道养护和水资源生态系统保护，其中有秘鲁本地水资源委员会、尼加拉瓜饮用水与卫生委员会，后者因"对社会与经济发展、民主参与、社会公平"所做的贡献，于2010年获得了法律的认可。

　　拉丁美洲的许多城市还允许市民直接参与水资源的政治管理，抑或是委任合作社进行管理，如玻利维亚的圣克鲁斯公用事业合作社（约1.5万名成员）。在阿根廷（合作社聚了10%的国民）、美国（3300个机构）、加拿大（200个，尤其集中在阿尔伯塔省④）、奥地利（超过5000个）、丹麦（2500多个）和芬兰（1500个）也同样有合作社⑤。

---

① 玻利维亚科恰班巴的污水处理厂。——译注
② 他们属于"南部社区水资源系统"联合会。
③ 起源于印加人时期，在农作和建造房屋时相互帮助的体系。原则是"hoy porti, mañanapor mi"（今天为你，明天为我）。
④ 参见加拿大合作社联盟网站：http://abwaterco-op.com/。
⑤ 参见科斯塔斯·尼古拉乌的《另一个世界：地球上的数千个合作社》，2014年9月17日，www.fame2012.org/en/2014/09/17/water-cooperatives-on-the-planet/。

公共水道

此类集中管理模式也被运用到了acequias^①的使用上，这些水渠灌溉了拉丁美洲的许多国家（阿根廷、秘鲁、哥伦比亚、墨西哥等），其全称acequias decomún（公共水渠）表明它们是公共财产，生态系统由附近居民负责——这种共同管理的模式与dongs（印度阿萨姆邦的公共水道）相似^②。在美国的新墨西哥州和科罗拉多州，1000多条水渠被投入使用，对于这两个干旱地区而言，它们必不可少。水渠附近的居民组成了各种联合会，如科罗拉多水渠联合会（CAA）和新墨西哥州水渠联合会（NMAA），以保证这些水渠"公共资源"的性质不变，不会成为一件"被用来谋利的商品"^③。它们确保了水渠所在土地的自主性，拒绝转基因产品，改良本地育种，改善当地的生态农业，并提高土地的产量。

从历史角度而言，几个世纪以来，水资源由附近居民共同管理早已是全世界的共识。这甚至成为最古老的地方民主管理形式之一。19世纪，伴随着卫生系统的建立，它被划归至公共管理，而水资源也一直被视为一项公共财产。20世纪，水资源私有化市

---

① 该词由阿拉伯语词"as saqiyah"（运河）而来，自8世纪阿拉伯战争开始，这些运河由马格里布和马什里克引入西班牙。16世纪侵占美洲的西班牙殖民者又将它们从旧大陆引向新大陆，带到了墨西哥和安第斯山脉，在那里，它们与美洲印第安的水流相交汇。

② 参见阿努普·夏尔马的《给每个人他所需要的》，《信息改变印度》，2010年。

③ 参见http://www.lasacequias.org。

场兴起。然而，经历了30年的私有化和公私合作模式之后，水资源回归大众的运动拉开了大幕：从21世纪初开始，35个国家的180个城市和团体①重新掌握了水资源，它们坚信人民大众能够更好地管理这项资源。

以村民大会和地方合作社为形式的集体管理机构数目众多，它们将水资源视为公共财产，进行持续性管理。在保护生态系统的同时，它们大多也对全球水资源危机采取了措施，为世界的公民社会开启了新的未来。

---

① 尤其是法国的格勒诺布尔、巴黎、雷恩、尼斯和蒙彼利埃。参见《为了持续：重新管理水资源，一个迅猛发展的全球化现象》，该报告由跨国研究所（TNI）、公共服务国际研究中心（PSIRU）和多国观察站发表，2014年。

第二章

农业，城市
新边界

应该构想一种城市，在那里，居
民不再是被动的消费者，而是使城市
价值不断提升的创造者。

——纳维·拉朱，《智慧创新：
重归灵巧！》[1]作者之一

如今，地球上半数人口居住在城市。包裹在混凝土和沥青结构的盔甲之中，城市给人一种强大、现代化、有序且独立的感觉，实际上却很脆弱。它的阿喀琉斯之踵[2]，就是食物。城市每天的供给要由城外运入，所以需要运输，而后者需要消耗汽油。一旦运输流停止，城市的食物储备就只能支撑三到四天。随着人口的急剧增长（到2050年，每三个人中就有两个来自城市），城市的脆弱愈发凸显，而它自身也已面临诸多挑战：社会不平等、暴力、混乱的土地开发、污染以及不断增长的碳排放量。

首先试着去解决城市问题的是社会大众。他们设想了许多实用的解决措施，以期改善地方粮食供给、绿化城市生态系统，帮助城市为后石油时期以及气候变化做准备，将城市改造得更加人性化，其中一些创意现在已在世界各个城市，尤其是贫困地区实行。

---

① 《智慧创新：重归灵巧！》纳维·拉朱等著，迪亚泰诺出版社，2013年。
② 阿喀琉斯，古希腊神话传说中的英雄，全身刀枪不入，只有脚跟是他唯一的弱点，后来在特洛伊战争中被人射中致命，现一般是指致命的弱点。——译注

第一节 底特律，后工业时代的城市典范

　　远处，密歇根湖湖水湛蓝，在阳光的照射下如同镜面般闪耀，而底特律的主城却呈现出一派荒凉的景象。市中心，荒芜的大道两侧，十几座办公大楼被木板封锁，数千座房屋被弃置，窗户都大开着，如同一双双空洞的眼眸，一片死寂。不远处的大片荒地上，还孤零零地矗立着一些老旧的工厂——它们也不过是砖头搭的空壳。

　　过去的底特律却是一座传奇之城。它曾是汽车城，福特和凯迪拉克之城。然而，随着工厂关闭①，底特律成了"铁锈地带"② 去工业化城市名单中的一员。"我曾是通用汽车的一名工程师。"居住在底特律近郊的一位非裔美国人马克·T. 赫德森说道，"工厂关闭时，他们对我说：'如果你愿意去中国从事生产，那你就留下来。'我回答说不能：'我的妻子在这里工作，我还有5个孩子。我已经买好房子了。'因此，像其他几千人一样，我被解雇了。"绝大部分被辞退的员工并没有重新找到工作，能到其他地方试一试的人都走了，这在美国造成了一场史无前例的人口迁徙③。"大家都想把自己的房子卖出去，有时只是为了象征性的一美元。但

① 美国的汽车行业现在仅能养活100万人，而非21世纪初的1000万人。克莱斯勒和通用汽车在底特律仅雇佣了1万人，美国的大部分汽车均在巴西和墨西哥生产。

② 即"Rust Belt"。

③ 除了卡特里娜飓风袭击后的新奥尔良市，没有其他城市经历过如此巨大的人口数锐减。

没有人会来买：整个城市都空了。"马克接着说，"一些人甚至
为了领取保险金放火烧了自己的家，他们想拿着这笔钱去别处生
活。"

这座过去为200万人建造的大都市如今只剩下了71.4万人。留
下的人，尤其是一些黑人家庭，几乎什么都没有了：40%的人生
活在贫困线上，比美国其他城市高出了三倍。慢慢远离市中心，
一切人类活动似乎都已消失。岛景是底特律城外的一个社区，它
因居民失业而被废弃，在那里，唯一营业的就是卖酒的商店。
"在这里，时常发生食物紧缺的状况①。"地球城市农场②的协调
员沙恩·贝纳多说。该协会在岛景区建立了一个占地数公顷的农
场，志愿者负责种植果蔬，每天为失业者供餐2000顿，还教当地
居民种植蔬菜，并每年送来10万棵植物，以改善他们的生活。

随着汽车产业的衰落，底特律重新创造了另一种生活方式，
即转变为一座农业城市：工业废墟、空地以及绿色空间都被居民
们种上了农作物。"大约共有1600块种植地，其中大部分是空地
上的社区菜园。"马利克·雅基尼说。这位老校长戴着小小的眼
镜，花白的头发结成了长发绺，他是底特律黑人社区食物安全网
络创始人：其宗旨是以食物公平为名，为仅有汉堡包和薯条可以
吃的穷人提供健康的食物。

在获得许可之前，马利克和他的朋友们就在一个社区花
园——红色公园开辟了一公顷土地作为菜园和暖房，用来种植绿
色果蔬，之后再当场售卖，或是投入市场，或是由该组织的粮食

---

① 据美国农业部统计，除底特律之外，还有13.4%的密歇根州居民面临食物短缺危
   机，面临同样状况的美国人共有5020万。
② 地球城市农场（Earthworks Urban Farm），为底特律及其周边地区创造优良的食
   物供应体系。——译注

合作社集中买卖。"我们的销售带来盈利，证明底特律的农业是能够发展下去的。通过鼓励当地居民自给自足，我们正在建立一种可持续发展的模型。这是所有人都在为共同发展而努力的一次冒险。"他解释道。

底特律政府意识到该市大部分土地需要功能转换，同意了他们的做法，甚至发起了"接收一块土地"（Adopt A Lot）项目，鼓励每个人都去耕种一块被废弃的土地。许多居民早在这一项目开展之前就已经迫不及待开垦荒地了。马克·科温顿正是其中一员，这位身材高大的非裔美国人嘴角总是带着笑意，头上戴着一顶草帽，他在佐治亚街（一个带有美国中部乡村气息的社区，那里到处是荒地，仅二分之一的房屋似乎还有人居住）创建了一些社区菜园。这条路的两边都是树和一些老旧的木质电线杆，我们能听到的声音就是居民蹬着破旧自行车发出的声音或是鸡鸣声。

马克带我走进他家（这是一户普通的人家），讲述道："我是在2008年4月被辞退的。由于没事做，我就打扫家门口的空地，那里堆得全是垃圾。我想，我要在那里种上花和蔬菜。这样，我们社区仍在为生存而斗争的人至少能找到些蔬菜吃。"三年里，马克又开垦了16块空地，并种上了洋葱、四季豆、玉米、甜椒、生菜和西红柿。他还在菜园里养了一只山羊、一些鸡和鹅，开垦了自己的果园。"现在，我家里80%的食物都是自己生产的，我还给邻居提供免费的蔬菜和水果。"他说道。

马克因此成了当地的守护神。他为孩子创造活动场地，定期接收学生。他还组织了每年6月的街道节日、圣诞节的集体聚餐，并用自己菜园所种植的食物来上料理课。他将活动中心设置在一个被废弃的房屋内，为社区居民组织聚餐和放映电影。在他的博客①里，马克开辟了一个专栏，记录了佐治亚街社区及其居民缓慢恢复尊严的过程。"在这里，只有25%的居民有工作，但他们至少都有食物，大家的关系变得更加亲近，社区更加安宁，犯罪率也更低，大家都尊重彼此的房屋与种植物。"许多社区也经历了同样的变化，当地居民共同种植作物，再次回归了集体生活。社会组织瓦解、犯罪率激增的城市正在复兴。"我们看到了真正的变化。"沙恩·贝纳多说，"社区菜园不仅仅生产食物，更打造了一种共同生活的模式。"

马克想让他的社区尽量自给自足。他们将安装一个风力发动机和一些太阳能电池板，希望不再依靠公共电力系统。其实，和许多底特律居民一样，马克认为自给自足的农业最终会取代再也回不来的工作。"我们不再追求收入，而是希望满足居民的基本需求。我们应当建立一个能够满足这些需求的城市。"沙恩总结道。

农业正在改变这座古老的工业城市：农场、菜园、果园、温室、蜂箱和鸡舍被安置在道路中间、公园中央或是旧停车场里。底特律是一个正在变化的城市，众多组织②协同开创了一个新经济，他们种植了数十万棵果树，免费提供树苗和工具，培训了数百个城市农民，在学校开垦菜园，并将空地建造成农场。"孵化器"——底特律食物实验室，以当地企业（面包店、餐馆、咖啡馆）为对象，组织销售市场。在城市农业的帮助下，业绩萧条的大型超市"东部市场"已然振兴，每天早晨，各个餐馆都到这里

---

① http://georgiastreetgarden.blogspot.com/。我们可以在这个博客上捐款，以支持他的工作。

② "继续发展，底特律""绿色底特律""食物领域""密歇根城市农庄计划"等。许多组织聚集起来，一起向政府施压（www.detroitagriculture.net）。

进货。星期六，这里都人流不息，最穷的人可以用食品券①购物。

"慢食"系统将农民、养殖者、手工业者、葡萄种植者以及餐馆经营者集中起来，推广当地产品，组织绿色植物的配送，安排品尝美食、菜园参观活动及料理课程。底特律第一个真正在大城市层面上建立起了本地绿色食物供给循环体系，对于"食物沙漠"（那里的居民完全依靠外来食物供给）依然众多的国家而言，这是一个典范。

这类重新掌握自身命运的现象还发生在了其他领域。电影院和艺术家作坊将过去的工业用地变成了文化场所，到处都是图书馆、新潮的酒吧、绿色食品商店、艺术品商店、回收公司和社会企业。一些联合会，如"城市邻里计划"，不仅翻修房屋，还组织公共活动，打击犯罪。作为后工业时代城市的典范，底特律应该感谢自己的市民。如同进入创业期一般，年轻人从美国各地前来开创自己的事业：在这样一个又从零开始的城市，一切皆有可能。②

"也许底特律还没找到自己的道路，但我们正在重新创造。从这里开始想象未来，创造一个新的模式。"马利克·雅基尼以城市农业的社会企业为依据分析道。而且，城市农业还有"很大的发展空间：1300块空地，即2400公顷的荒地需要开垦。"对马克来说也是如此，未来，农业社区和"城市乡村"面积的扩大，将确保城市粮食的自给自足。他认为，伴随着"科技活动、强大的教育推动力"以及旅游业对本地农产品的重视，一种"绿色经

---

① 食品券由政府颁发。2016年，大约每7个美国人中就有1个（占总人口的13.4%）领取这种券，人数比2008年金融危机之前增长了约两倍。

② 尤其要参考米歇尔·埃尔德的《底特律的实干家：年轻的社会企业家们是如何改变底特律的？》，http://blog.michiganadvantage.org/great-companies/detroit-doers-how-young-social-entrepreneurs-are-impacting-detroit, http://detroit.iamyoungamerica.com/和http://detroitjetaime.com/fr。

济"将会形成。

　　距离底特律600多公里的地方，巴尔的摩也经历了一场相似的发展：在这个港口城市里，四分之一人口生活在贫困线上；为了与"食物沙漠"做斗争，黑人聚集区出现了越来越多的社区菜园。"大城市农场"这一社会企业的暖房已经为该市一部分居民提供了新鲜蔬菜。这一转变受到了市政府的全力支持，它希望将巴尔的摩转变成一个拥有农场和绿色空间、市民节能出行的绿色城市，并想在重建的社区里建立一个食物中心①。

第二节　纽约，绿色游击战的诞生之地

　　这些农业和文化的改革之所以受到密切关注，是因为它们是一场运动的前锋，这场运动正在席卷美国和加拿大。城市居民创建了数千个社区农场和菜园，以期帮助贫困人群不再受粮食紧缺之苦，并让他们的食品生产重新本土化。

　　这场运动于1973年在曼哈顿拉开。当时，纽约正处于衰退期，市政府处于崩溃的边缘，中产阶级纷纷搬离市中心，房地产业在走下坡路，空地不断增加。一天，下东区的一位画家利兹·克里斯蒂聚集了一些朋友去清理一块空地，决定将其改造成一个社区花园。次年，政府认可了他们的占领行为，每月只收取

---

① 参见斯特凡妮·巴菲科的《从魅力都市到农庄城市：巴尔的摩通过城市农业重新利用起了荒地》，《地缘融合》，2016年4月19日。

象征性的1美元作为交换。如今，这个公园成了曼哈顿最美丽的地方之一：有花坛、阅读空间、葡萄架、水塘，还有一些鸟栖息在果树枝头。

　　继第一个花园之后，利兹·克里斯蒂发起了一项运动：绿色游击战。铁锹、小铲子和"种子炸弹"（即装满种子的泥土肥"炸弹"）成了她的武器，她和朋友将这些东西扔过铁丝网，在空地里种下花和蔬菜。他们在无人住的街区里播种，还鼓励其他人也开垦荒地。40多年后，纽约市民在布朗克斯、皇后区、曼哈顿和布鲁克林曾经的荒地上建造了800个社区花园[1]，来自"成长纽约"（该协会帮助并支持这些公共空间的发展[2]）的朱莉·沃尔什解释道。比如，哈蒂·卡森花园是由布鲁克林一个社区的居民们于1991年建成的，花园中种植了一些蔬菜、果树，还养了一些鸡。这在纽约并不少见，许多市民都会养一些家禽，尤其是在布朗克斯。每个周六，花园旁边就会开设市场[3]，以极低的价格贩卖鸡蛋和蔬菜，让贫困家庭（占该社区的三分之一）也能吃上新鲜的果蔬产品。

　　如果说一些社区花园不过是"夹在两栋建筑物之间很小的一块地方，有些花园则占地1800平方米"。朱莉说。在布鲁克林和布朗克斯，甚至还有一些由联合会或是邻里组织所管理的真正的农场。比如，民间组织"附加价值"就在布鲁克林和总督岛各有一个农场，还接纳了一些年轻人前来工作。这两个农场每天生产12吨绿色蔬菜，一部分被投入市场，出售给了餐馆，或是经零售进入家

---

① 参见http://www.greenguerillas.org。

② 在将城市的荒地改造成菜园后，许多菜农不得不为此做斗争，因为政府想将这些地卖给投资者。经过多年的抵抗，他们于2002年与政府达成了暂时的和解，尽管如此，一些菜园还是被售卖了。

③ 参见http://www.hattiecarthancommunitymarket.com。

庭；剩下的则会被送到一些联合会。另一个农场"南部农庄"位于布朗克斯南部的一块荒地上，由一些妇女打理，声称是"首个由各族妇女所管理的城市农场"。这一社区菜园为许多家庭提供便宜的绿色蔬菜，并为孩子们组织音乐与诗歌的节日活动。

据美洲社区园艺协会统计，加拿大和美国至少有1.8万块城市菜园，其全部数量无法统计。每个城市的社区菜园都在增长：蒙特利尔、渥太华、温哥华、多伦多、波特兰、洛杉矶、芝加哥、明尼阿波利斯、盐湖城……城市农业的发展还归功于另一个运动：共享私人花园。"共享后院"计划为寻找土地的家庭和一些机构（教堂、社区中心……）或是一些愿意借出或分享花园的个人建立联系。在加拿大和美国取得成功之后，这一计划随后被引入英国、澳大利亚和法国[1]。

在美国，由自己生产一部分食物的人数之多，二战[2]以来从未有过：如今，三个家庭中就有一户（35%）种植蔬菜，即4200万个家庭[3]。5年内（2008年至2013年），城市里种植蔬菜的人数从700万人上升至900万人。在这样一个食物运输平均需要跨越2400公里才能送到各个家庭的国家，回归地方自产，是一种真正的思想进步，并且也已经开始发挥作用。从2008到2013年，社区菜地的数量也增长了两倍，参与种植的美国家庭数量也同样。一到晚上或是周日，市民们就去那里种植蔬菜，学生们暑期也去那里实习。城市里开设了一些园艺和养殖（鸡、鸭、羊、蜜蜂……）作坊，数万所学校都有自己的菜园。

---

① 参见http://www.pretersonjardin.com; http://www.plantezcheznous.com。

② 公园和私家花园都变成了"胜利花园"（victory gardens），它们在战争时期保证了美国40%的食物供给。

③ 这一数据由国家园艺协会于2013年统计，2008年共有3600万个家庭（《美国的食品园艺达到了十多年来的最高峰》，2014年4月2日）。

当纽约重新发现农贸市场

　　美国城市菜园的兴起，有助于振兴已在大多数城市消失的农贸市场。在纽约，"它在20世纪50年代以前还十分普遍，但后来，超市加工食品改变了人们的习惯，它也就走向了衰亡。"朱莉·沃尔什解释道。为了使纽约市民重新找回本地产品的味道，她所在的机构"成长纽约"于1975年提出要振兴农贸市场，"很快就获得了成功：第一天，当农民们还抱着怀疑态度的时候，他们所有的蔬菜在两个小时内就销售一空，以至于其中一位开玩笑地问，是不是纽约食物短缺了……"

　　如今，纽约共有60多个市场，由本地的城市农场、菜园以及周边的200个农民供货。其中最大的市场位于曼哈顿联合广场，每周开放4次，吸引着2.5万民众前往。朱莉观察到，"需求显然存在"，未来还要开设其他市场。所有市场都接受食品券，以帮助贫困人群能够吃到新鲜产品。"成长纽约"还在那里设置了标志，纽约市民可以将自己用过的手机或是旧衣服（每年回收的衣物超过300吨），以及可以用作城市菜园肥料的垃圾放在那里。现在，随着城市及其周边蔬菜买卖的发展，农贸市场已经回归了美国所有的大城市。

第三节 公共的食物空间

城市的粮食生产显然不是新出现的：几代人以来，它养活了非洲、亚洲和拉丁美洲60%至70%的城市人口。市民在城市空间的缝隙（露台、屋顶、后院、小花园和铁路沿线）都种上了蔬菜，还利用盒子、罐头和一些旧轮胎进行小型种植。据国际粮农组织统计，在大约4.56亿公顷（与欧盟总面积相等）的土地上，8亿城市居民生产出了世界上15%至20%的粮食。

但如今城市农业的新颖之处，是它在很短的时间内普及了许多工业化国家，伦敦、阿姆斯特丹、马尔默、巴塞尔、柏林、香港、东京、悉尼、新加坡、布宜诺斯艾利斯、卡尔加里等城市都接受了这一小型种植模式，城市居民都乐于在自己的居住区域外，占领公共空间。巴黎共有100多个共享花园，伦敦有60多个[①]（英国全国共有1000多个城市花园）。在柏林，依据分享和环保的精神，莫里兹广场的一块6000平方米的空地被改造成了一个天然菜园[②]。同样，自2011年起，300多人在柏林滕佩尔霍夫机场的旧址上开垦了一些面积达5000平方米的共享花园。

在爱尔兰，各个年龄段的种植者愉快地共享了数百个城市菜

---

① 参见http://www.farmgarden.org.uk/your-area/london。
② 这是一个移动菜园，因为蔬菜被种植在了可移动的塑料盒子里（http://prinzessinnengarten.net）。

地①。比如，由6.5万人和1500个团体（企业和政府工作人员、学生和老师）所组成的"自己种植"组织，在爱尔兰、英国及澳大利亚的公共空间、学校或是自己工作的场所培育菜地。这些新兴种植者的人数每年都在增长："需求很大，人们都想知道自己的食物是从哪里来的，想自己种植。"负责人之一罗南·道格拉斯说道。面对这些需求，他正和多个区政府交涉，以期将公共空间和荒地改造成花园和菜园。

还有一些爱尔兰人选择种植树木，他们种了数百棵树。在基尔肯尼（一座转型中的城市），市中心一家咖啡馆的露天座里，环保人士马尔科姆·努南就这座历史悠久的美丽城市是如何回归果园之都的向我娓娓道来："2009年，我们想庆祝基尔肯尼建城400年。由于这片土地很长时间以来因苹果种植而闻名，我们就准备种400棵苹果树。令人吃惊的是，这个想法立即激发了学校、企业、协会以及当地居民的热情，大家都参与了。我们在许多公共空间和学校旁边，甚至城堡公园，都设立了果园。"在该市40个果园里，只种植由爱尔兰种子保育协会留存下来的苹果树、梨树、杏树和榛子树的古老品种。如今，它们成了该市市民所享有的共同财富：每年秋天，许多喜爱"慢食"和美食的人都来参加"食品节"，他们一起采集水果，分享压缩果汁和苹果派。"两年内，我们就达到了目标，它并不局限于果园本身：居民们关心可持续性农业，学校的孩子们也开始关注食品健康。此外，水果还惠及了最弱势的群体，食物自足和融入社会，一切都联系了起来。"

美国的一些城市也经历了同样的发展，比如，在费城，居民

---

① 参见链接：http://cgireland.org/community-gardens/（爱尔兰共和国及北爱尔兰）。

们种植了50多个果园①；在波士顿，市民在公共空间和学校附近开垦了40个果园、200个公共花园以及100多个学校菜园。在奥斯汀、麦迪逊、波士顿、洛杉矶、旧金山和其他城市，还出现永续种植的可生产粮食的森林②。在西雅图，贝肯山的居民通过与政府协商，将占地2.8公顷的杰斐逊公园改造成了生产粮食的森林，即贝肯食物森林，它由民众共享，每个人都可以在里面种植果蔬或获取食物。在加拿大（埃德蒙顿、维多利亚、卡尔加里、多伦多、温哥华）、新西兰、英国和西班牙（特内里费岛），也出现了许多城市森林。在比利时的穆斯克龙市，有一个1800平方米的私人食物森林，由乔西娜·卡登和吉尔贝·卡登③于1969年开始种植，他们两人以低价出售种子，并在视频网站Youtube上讲授永续种植课程。

---

① 参见http://www.phillyorchards.org/orchards/。

② 这是一种模仿自然的森林，由多种能够相互协调的树木、灌木以及作为补充的蔬菜组成，能帮助恢复生态系统。参见http://www.permaculturedesign.fr/la-foret-comestible/。

③ 参见http://fraternitesouvrieres.over-blog.com/2015/03/presentation-de-l-association.html。

在屋顶种植

在城市里，花园种植克服了空间不足的困难，直接爬上了房顶。在俄罗斯，半数城市居民在房顶或地下室种植蔬菜。在纽约，共享花园占领了屋顶和露台，其潜在市场广阔：据"纽约阳光工程"组织统计，共有5600多公顷的屋顶还未被使用。此外，纽约还拥有两个大型屋顶绿色农场，即布鲁克林格兰奇农场，分别占地3000平方米和6000平方米，它们生产的蔬菜通过自行车配送给该区居民。波士顿还有一个面积达3700平方米的大型农场——高地农场。

首尔也同样有远见：在市政府的支持下，650多个建筑物屋顶都种上了蔬菜和树木，还安装了蜂箱。其中包括亚洲最大的植物屋顶"花园5号"，有三个足球场那么大，坐落于四个相互连接的建筑物顶部[①]。开罗那样的屋顶微型农场，其家庭生产也前景光明。

高处种植不仅使空间运用更加合理，还有助减缓气候变暖。据美国劳伦斯·伯克利研究所实验室估算，如果一座城市15%的屋顶被植物覆盖，那么它的平均气温就会下降3.3摄氏度。多伦多的一项研究表明，即使只有6%的屋顶被覆盖，气温也会下降1至2摄氏度。此外，和哥本哈根一样，多伦多已经规定新的建筑物必须有绿色植物覆盖，因为植物能储存雨水，帮助保护生物多样性，降低建筑物的热损耗。纽约还对此项目实行了减税政策。

---

① 参见法新社视频《在首尔，花园种植直达屋顶》，http://www.youtube.com/watch?v=aMwZtIgo5-M。

承袭过去的"游击战",城市的蔬菜种植常常保留了一种娱乐精神。在很多城市,如哥本哈根,许多人夜晚"占领"城市荒地(花坛、圆形广场、高速公路两侧、公园),并在几个小时内将它们改造成菜园。附近居民醒来后看着这些变化却不理解……在旧金山,"游击队员们"偷走了路上的装饰树:他们在那里嫁接果蔬的枝条,以期长出橘子、樱桃或杏子。在佛罗里达州,蔬菜种植的志愿者们骑着自行车在奥兰多的街上来来往往,希望将私人的草坪改造成迷你绿色农场①:草坪的主人可以享有一部分蔬菜,剩下的则在当地实行短距离配送。在洛杉矶、丹佛、马德里、蒂华纳,居民在公共空间种植果树②;在墨西哥,城市播种者们教孩子在墙上的檐槽或是挂着的盒子里嫁接作物③。巴黎的"城市果园"协会在街道、学校、建筑物楼下或是在屋顶栽种树木,设集体花园。在西雅图,"城市水果"的成员们给果树绘制地图,帮助它们的主人进行采摘并将水果分发至粮食银行、学校和退休之家。温哥华、波特兰、墨尔本和鹿特丹④的市民也一样,统计野生的绿色粮食资源(草本植物⑤、水果、浆果……)以便食用;这些采集的食物被供应给一些家庭和餐馆。这些具有共享精神的团体表明,每座城市具有许多隐藏的食物资源。

---

① 参见http://www.FleetFarming.com。

② 参见"落下的水果"(Fallen Fruit)组织(http://www.fallenfruit.org)。

③ 墨西哥的城市花园地图,参见http://www.google.com/maps/d/viewer?hl=en&t=h&msa=0&z=10&ie=UTF8&mid=11k78jTszCBlMV3ybyagodXaD4Sk。

④ 参见http://urbanedibles.eu。

⑤ 为了避免动物污染,人们采集的草本植物都生长在高处,而非地面。

快速建立菜园

将一个空地快速改造成菜地？采用permablitz方式就可以做到。这一富于斗争精神的词，其意思是，"以平和的方式，将草坪、院子、地块或任何公共空间迅速改造成永续种植的菜园"。这项技术于2006年诞生在澳大利亚，在蒙特利尔，由一位年轻的环保人士克拉丽丝·托马塞推行。

从号召志愿者（邻居、同事或是社会交往中的友人）开始，请他们带上铲子、水桶、种子以及回收来的材料：有机垃圾、旧纸板、稻草和干树叶。到了之后，就着手清理草坪、砂石和沥青。之后是最简单的了，克拉丽丝说："我们使用'免耕花园'技术，即不用挖掘的种植方法，只需要铺上几层干草、旧报纸或稻草来提供碳，再加上几层肥料或是有机垃圾来提供氮。"这种像做千层面一样的种植方式，能快速重建生态系统。依据永续生活设计的原则，剩下的就是种上一些能够相互保护的植物了。

这种改变只需一天就能完成，却对周边有巨大影响。"人们前来参观，并询问是否也可以帮他们的草坪进行类似的改造。"克拉丽丝说，"但在为他们服务之前，我们会要求他们到别人那里参加permablitz，因为这毕竟是一项集体工作。"

第四节　相互依存的菜园

　　城市荒地的回收（无论是否被许可）在北美很常见。比如，在费城，400多块空地被改造成菜园，这是自19世纪以来通常被允许的园林改造活动。另外，费城的"在费城扎根"、纽约的"土地成真"和洛杉矶的"开放土地"这三个协会还为待开发的城市荒地绘制了一张互动地图，以便引导未来的种植者①。

　　蒙特利尔的"荒原"平台②同样也能统计可以被改造成菜园的空地。该市已经拥有了100多个市级共享花园，但由于获得一块土地至少需要等两年，许多市民就自发将其他公共空间改造成菜园，嘉埃尔·让维耶解释道。她来自魁北克城市农业的领导组织"选择"③。除了共享花园，蒙特利尔还拥有一个100多条绿色街道所组成的网络，由沿街居民管理：它们是真正的乡村一角，是约会、散步和分享之地，路两侧种着树木，还安置了一些鸟巢和堆肥箱，是艺术家和孩子们创作和娱乐的场所。一些道路还设计成"可食用小路"，供居民自由获取蔬菜④。在嘉埃尔看来，它

---

① 参见https://laopenacres.org/#10/34.0248/-118.3255; www.groundedinphilly.org/resources/; http://livinglotsnyc.org/#11/40.7300/-73.9900。

② 参见http://www.landemtl.com/。

③ 蒙特利尔的花园地图参见Agriculturemontreal.com/carte，该市绿色街道的地图参见Eco-quartiers.org。

④ 特别参见《巴西勒-佩特瑙德社区花园中的绿色食物道路》，2016年，Agriculturemontreal.com。

们证明了"居民可以随处开发土地、屋顶和街道。这都是有可能的，我们并不缺少空间"。这些集体空间都能提供一些便利：带来绿色食物，在城市中提供小片自然宁静的空间，教育孩子，促进隔代交流，使新移民融入城市等。

在蒙特利尔，一部分公共空间还通过粮食银行和一些协会为贫困人群提供食物。两位年轻的蒙特利尔市民，克里斯·戈德沙尔和基思·菲茨帕特里克，还设立了一个流动食堂："流动的圣特罗波尔"，为老年人上门提供餐饮。在"选择"组织的帮助下，他们首先在一家汽车修理厂的屋顶种植蔬菜，随后占领了魁北克大学蒙特利尔分校和麦吉尔大学的屋顶："去看那些屋顶的时候，我们想，如果能在这样一所优秀的大学里生产社区食物，那该多有象征意义。"嘉埃尔说。赌注已下：如今，这些屋顶为他们的流动食堂生产了数吨蔬菜（冬天的蔬菜还是由当地农民提供[1]）。每周五天，数百名志愿者一同料理营养均衡的绿色饮食，再通过自行车、汽车或是步行送给年老[2]、生病或是身有残疾的人，帮助他们，改善他们的生活，使他们不再孤单。餐费是象征性的（大约3欧元），食堂还以非常低的价格将其他蔬菜卖给低收入的居民。

在法国，花园同样占据了一些城市空间。在巴黎，市政府支持城市农业的发展，允许公共空间覆盖绿植，组织共享花园（尤其是在旧的小铁路环线周围）。其中，卢梭花园的300多个附近居民和20多个协会和学校，利用旧的铁路月台，来生产蔬菜、水

---

[1] 食堂的资金一部分来自公共援助和基金会，另一部分由居民捐助，后者还会送来一些料理工具和食物。

[2] 据Santropol Roulant统计，蒙特利尔超过三分之一（36%）的老年人生活在贫困线上，许多人求助于粮食银行。

果、花和蜂蜜，当地因此而充满生机。到2020年，尤其是在"巴黎种植者"项目的推进下，巴黎希望增加城市绿化面积100公顷。

法兰西岛虽然是法国城市化最高的大区，但在它近900公顷的土地上，却拥有1000多座公共花园。马赛的1000多个菜园分布在30多公顷的土地上。和纽约、底特律、多伦多、柏林一样，许多法国城市的阳台、后院和乡间花园里又重新出现了微型鸡圈，以获取新鲜的鸡蛋。

这种城市蔬菜种植模式起源于19世纪传统的劳作花园。比如，法国国营铁路公司（SNCF）的职员自1942年就开始经营家庭花园，分布在60多个城市[1]。这些小块的城市土地如今重新焕发出巨大的活力。法国家庭和集体花园联合会（FNJFC[2]）聚集了法国300个此类花园，目前"需求井喷"，需要等5年才能获得一块地方。

但许多法国人还是决定在获得许可前就进行耕种，正如本雅明·古尔丹所言，在里尔，"我们最近刚占了里尔南部的一块1500平方米的土地。要用一架梯子，爬过3米高的围墙才能进入。"他笑着对我说。事实上，他所在的组织，Ajonc[3]，支持市民占据废弃的土地，然后帮助他们与市政府交涉，促成耕种合法化。他承认，"这并不总是很简单。"因为这些土地往往被留作建筑使用。自1997年起，该组织在诺尔省和加莱海峡省开放了几十个社区花园，每个人都可以在里面自由地耕种和收获。"它们

---

① 这一协会参见Jardinot.fr。
② 这一联合会（www.jardins-familiaux.asso.fr）承袭自过去的"法国小块土地联盟"，19世纪末，该联盟帮助从乡村进城的工人，使他们所占的城市土地合法化。
③ 即"被封闭的开放花园"协会：http://www.ajonc.org。

（这些花园）符合大众教育精神：每个人都能享有，它们集大众智慧，建立社会联系。"本雅明说。"从3岁到70岁"的居民都能在这里重新找到耕种、一起做饭以及组织自然俱乐部、公民生态工作室和音乐会的乐趣。

城市农业的诞生自然体现了对健康饮食的追求，而且，它还是一种新的生活艺术，洛朗斯·博德莱分析道。她是一位城市规划家，写过一本关于共享花园的书①。据她观察，"参与其中的是那些想认识邻居、投入公民生活中的人，他们对于政治决定具有更高的警惕性"。到处都有可能建立花园，"即使是在土地如此受限的巴黎，在阳台、露台、建筑物的屋顶和楼下，也还是有一些劳作的空隙。人们所使用的工具（盒子、小铲子、檐槽以及绑在墙上的树）使生产显得非常有趣，哪怕是在面积很小的地方"。

此外，城市外围也往往有大片可耕种土地，比如在斯特拉斯堡、里昂或是巴黎近郊，3000多公顷的土地都被种上了蔬菜。的确，这些土地被赋予了浓重的政治色彩，正如围绕大巴黎所展开的争论一样，洛朗斯·博德莱指出，但保留食物种植带，"这是一个重大的社会选择：是想打造绿色农业，还是建造大楼？"

---

① 弗雷德里克·巴塞、洛朗斯·博德莱、皮埃尔–埃马纽埃尔·韦克和艾丽斯·勒罗伊的《共享花园：乌托邦、生态及可行性建议》，"有生命的地球"出版社，2008年。

市政府参与

自此，许多城市支持城市农业的发展，这不仅是为了改善粮食供给和社会联系，还能通过建立自然清凉之地，减缓城市的孤岛效应（ICU）。在美国，许多城市（波特兰、奥斯汀、明尼阿波利斯、圣地亚哥……）的市政府为"城市农民"提供土地①。西雅图和旧金山甚至还改变了城市规章，让"城市农民"能够合法地在市场进行买卖。

韩国的首尔同样鼓励市民在花园和阳台耕种，增加城市农场数量：它在2013年就已经拥有2050多个农场，到2018年，将再增加1800个。这些农场位于公共空间（学校、公园、建筑物屋顶）内，距离居民区均不足10分钟的步行路程。2015年，哥本哈根在与居民协商之后建立了一个公园，不仅提供了共享花园的场所，更成了一个排洪区——这是应对气候紊乱②的解决措施，对于100%由沥青建造、易受河水上涨侵蚀且温度过高的城市而言，这是一种取舍的开始。温哥华想在2020年成为"地球上绿化程度最高的城市"，同样也增加了城市的绿植面积，以期重建自然水循环（蒸发、渗透进土壤）。

小城市也没有被落下。穆昂－萨尔图市（法国滨海－阿

---

① 参见国际城市农业系统：http://www.inuag.org/。

② 参见拉腊·沙尔梅《引流水和热：哥本哈根的第一个"抗冲击"公园》，"我们的明天"，2016年1月26日，www.wedemain.fr/Il-capte-leau-et-la-chaleur-le-premier-parc-resilient-inaugure-a-Copenhaguea1628.html。

尔卑斯省）买下了一个城市农场，全年为孩子们提供健康蔬菜[1]：2012年，在法国所有超过1万人口的城市中，它第一个实现了学校食堂、托儿所和游乐中心餐饮全部绿色化。这是一个协调的措施，因为"健康、生态、教育，一切都互相关联"，玛丽–露易丝·古尔丹说。她是该市主管文化的副市长，滨海–阿尔卑斯省议员。效果很明显："学生们定期去农场种植、播种、采收，开始懂得劳动和绿色食物的价值，他们的盘中餐也多了一层意义；他们还学会了如何更好地进食。"与此同时，在社团宣传和倡导下，"由于孩子们在家里谈论绿色食物和浪费，65%的家长都改变了他们的饮食习惯。"玛丽–露易丝高兴地说道。

穆昂–萨尔图市所取得的成功经验表明，对于市政府而言，比起全年向外部工业供应商购买非天然的蔬菜，倒不如出资支持有机农业，后者更符合现代健康和生态的需求[2]。这一选择花费并不昂贵，其额外费用因浪费现象的显著减少已被完全弥补[3]，关键还在于它促进了地方经济的发展，因为城市农场提供不了的东西（面包、奶制品、水果），全都要由本地生产者供应。为了安顿参与水资源合理管理的农民，该市的农业面积也增加了4倍。

---

[1] 该农场拥有一套储存系统，因而除了当季蔬菜外，它还能在冬天提供夏日的蔬菜。

[2] 此外，穆昂–萨尔图市在"多一块绿色植物"土地俱乐部（Club des territoires Un PlusBio，www.unplusbio.org）也十分活跃。该俱乐部鼓励法国城市实现餐饮业的集体有机化和本土化，现在，如洛桑戈埃勒、格朗德桑特、翁热塞姆等几十个市镇正处于生态化转型之中。

[3] 因根据孩子的胃口调整饭量，食堂的浪费现象减少了80%。对家长而言，饮食有机化，成本却不变。

第五节 灾后恢复元气的地方

我们不应将各城市的蔬菜种植归结为市民随意而为的表现。恰恰相反，它保留了自我消除贫困的传统。俄罗斯是蔬菜种植普及面最广的国家（近三分之二的城市居民，即6500万至7000万人耕种土地①），随着苏联解体，薪资、农业产量相继下降，大批人口投入城市菜园的耕作。草坪变成了菜园，城市的种植面积翻番。

古巴也是如此：苏联解体后，从俄罗斯进口的食物、肥料，尤其是石油，数量急剧减少，而这些都是集约农业必不可少的。为了改变匮乏状况，市民变成了蔬菜种植者，在不到10年的时间里，哈瓦那的蔬菜产量增至原来的10倍，更不必说养殖业了。拥有40万块城市绿色种植地的古巴，也许是继石油峰值②后，历史上第一个恢复元气的国家。

在21世纪初，阿根廷深陷债务危机之时，如果第三大城市

---

① 在俄罗斯的集体菜园、私人菜园和乡间住宅，共有2400多万块土地位于城市及其周边。超过半数莫斯科人参与耕种，80%其他地区的城市人口也参与其中。（参见路易莎·布哈雷瓦和马塞尔·马鲁瓦的《俄罗斯的家庭城市农业：教训与成就》，斯普林格出版社，"城市农业"丛书，2014年。）

② 石油峰值标志着石油紧缺的开始，正是这一阶段确立了城市转型的方式（参见关于能源的一章）。古巴方面，参见费思·摩根的电影《社区的力量：古巴如何在石油峰值中存活下来？》（2006年），尼尔斯·阿圭勒的电影《转变中的耕种》（2012年），以及弗雷德里克·巴塞的《古巴如何转变为绿色植物产地？》，2014年7月16日发表于《持续改善》。

罗萨里奥没有将60公顷空地改造成城市菜园，市民的日子也将难过。现在，800多块绿色公共土地养活了4万多市民[1]，并促进了当地加工和销售业的发展。在美国，社区花园首先出现在去工业化的城市（底特律、匹兹堡、扬斯敦、克利夫兰[2]……）；在其他城市，大部分空地还是由收入微薄的居民[3]耕种。这就是"城市农场"协会将社区花园称作"食品赋权区"（food empowerment zones）的原因：贫困居民在其中重新掌握了自己的命运，实现了食物的自给自足。此外，美国的许多城市农场还将它们的产品送至贫困区，如华盛顿的"美好城市"以及"成长力"（该协会由前篮球运动员威尔·艾伦创立，为密尔沃基、麦迪逊和芝加哥的贫困学校和家庭提供粮食）下属的农场。

　　社会等级分化或种族歧视较为严重地区的社区菜园，常常有一些"复原"的故事。比如，在波士顿，艾格斯顿果园曾经是一个遍地空易拉罐和使用过的注射器的空地。如今，它超越了敌对状态与社会等级，成为一块宁静之地，拉丁裔、阿拉伯裔和华裔居民都可以在那里自由种植水果。在法国马赛，建筑物脚下的集体花园让一些以暴力闻名、条件差的社区重新团结一致[4]。社区耕种还能帮助赈灾，新奥尔良市民在经历了卡特里娜飓风（2005年）之后，于2009年建立"游击队花园"，不仅提供粮食，还为

---

① 《城市农业：在阿根廷，罗萨里奥靠自己的力量收获果实》，国际发展研究中心，渥太华，2010年7月。

② 据研究表明，在克利夫兰，人们在工厂关闭所留下的空地上耕种，使这个城市完全能自主生产新鲜的产品（S. S. 格雷瓦尔、P. S. 格雷瓦尔的《城市能否实现食物自给自足？》，城市环境与经济发展中心，俄亥俄州立大学，2011年7月）。现在，铁锈地带城市食品加工业的诞生，是它们能否实现经济转型，成为"绿色地带"的关键。

③ 据农业部统计，近四分之一（23.6%）的美国儿童，其家庭没有足够的钱购买食物。

④ 伊万·德洛瓦、纳塔莉·克吕贝兹的《当大众生态能够抵抗社会绝望与犯罪》，Bastamag.net，2016年9月5日。

遭到破坏的社区修复了社会关系网。在海地，2010年海啸之后，萨达纳协会的创立者阿维拉姆·罗赞在数百名志愿者的帮助下，开垦了许多菜园和食物森林，让一个近3000公顷的灾区恢复了生机，并为其提供食物。

　　显然，2008年的次贷危机也增加了受影响国家的家庭蔬菜自产量。在葡萄牙，里斯本市政府给贫困家庭[①]提供了一些公共土地；在西班牙，共有1500个城市菜园，它们或由家庭、协会、组织改造公共空间而成，或由市政府、区政府和学校提供。

---

① 玛丽·阿斯捷的《在里斯本，公园变成了城市菜园》，《报道之地》，2015年5月28日。

不可思议的食物

灾后恢复元气，没有哪个城市比英国的托德莫登更能说明问题了。这一曾经的纺织城市靠近曼彻斯特，它已然衰落，许多工作岗位消失，并且和底特律一样，在一个世纪内，半数人口流失，但它也通过城市农业重新掌握了自己的命运。2008年，帕姆·沃赫特聚集了一些市民，在一家咖啡馆共同讨论如何遏制该市死亡率呈螺旋上升的趋势。"不要老觉得自己是受害者，我们要行动，重新振作起来。"一位参加会议的妇女玛丽·克利尔说。大家想出了许多方法，其中帕姆和玛丽提出：种植蔬菜，一同分享，一起料理。

这一小团体高兴地将自己的行动命名为"不可思议的食物"，并决定利用公共空间。几个月内，70个种植着蔬菜的盒子出现在人行道上，上面贴着一个告示："分享的食物"。三年后，盒子数量翻番，市民们又种植了3000棵果树。随后，帕姆和玛丽说服了方圆80公里的农民，让他们放弃超市，在托德莫登的商店和市场内出售。这一重新本土化的行为不仅确保了盈利，还增加了该市的工作岗位，自2011年起，"托德莫登消耗的食物83%出自本地。"弗朗索瓦·鲁耶说，他一直在追踪这项行动，并将其引入了法国和其他国家①。

---

① 他为帕姆·沃赫特和乔安娜·多布森的书《不可思议的食物》（南方书编出版社，"可能的领域"丛书，2015年）作序。

现在，托德莫登生产并自主消费几十种不同的蔬菜、水果、蜂蜜和芳香的植物。从幼儿园到高中，所有的孩子都在养鸡和种植蔬菜，为食堂的日常餐饮提供原料。尼克·格林是该市的耕种领导者，头戴一顶帆布帽，留着红棕色的胡子，他很活跃，管理着一个两公顷的合作农场，种植蔬菜、灌木，提供种子，并帮助一些年轻人再次就业。这位生物化学博士还教授永续农业知识：他与同伴海伦娜·库克每年去欧洲游历，带回最新的技术，传授给其他人。托德莫登每年举办大量永续农业和美食品鉴活动，吸引着全世界参观者的到来。"商店重新营业，宾馆和餐馆数量是2008年的两倍，"弗朗索瓦说，"许多地方都挂着'完全本地产'的招牌，因为一切都是本地所产：蔬菜、果酱、蜂蜜、面包、羊肉、羊毛衫等。"

尽管托德莫登生产的蔬菜并不能完全满足该城的需求，但它具有催化作用：在与玛丽交谈时，我对她说，正如我在底特律所见到的那样，农业帮助城市结束了去工业化的进程，成了孕育不同未来的实验室。"实验室，我喜欢这个词。"玛丽回答，因为"每个居民都贡献了自己的聪明才智。他们创造了新的产品（奶酪、蛋糕、畜牧产品……），发起美食庆典，还建立了第一家以稻草为基础的生态材料建设培训中心：我们很快就会有一家这样的旅馆。如今，人们不再害怕冒险，不再害怕经营商场或是面包店。大家都在不停地试验。犯错并不要紧，关键是要去尝试。这一切都会带来远比食物重要的财富：集体意识以及身为其中一分子的自豪感。"

托德莫登成了一个充满活力且团结一致的城市，和洛杉矾山顶上"好莱坞"的白色大字一样，它也在城里竖了一块大标志牌，上面用白色的大字写着"友善"。"世界经历了一段混乱的时期：巨大的危机，银行倒闭，战争在家门口爆发，气候变化无常，"玛丽回忆道，"我们即将进入一个崭新的阶段，该团结起来一致行动了。应该知道，我们可以相互依靠。我们所组建的这个团体将保护大家。这正是未来的希望：不要抱怨，一起行动。"

"不可思议的食物"如今举世闻名，在1200多个城市（在日本、卡塔尔、尼日尔、多哥、突尼斯、哥伦比亚、美国等①）设有分支机构。这一世界性的组织继续发展，推广以盒子和"锁孔菜园"（keyhole gardens，这些流动的土培迷你菜园起源于非洲，是永续生活设计的一个缩影②）为单位的永续生活设计。事实上，这一步很容易实现，现在正是时候——人们喜爱城市农业，承认自身有社交和分享的需求。这种热情不断扩散，还吸引了地方政府："在魁北克，城市种植者用盒子种植的蔬菜取代了议会的草坪，舍尔布鲁克、维多利亚维尔、蒙特利尔为此贡献了公共空间，图尔奈、列日、阿夫朗什、巴约纳也是如此。城市农业还被写入了法国宪法第二章，得到了所有市政府的支持。"弗朗索瓦·鲁耶指出。

弗朗索瓦本人花了三年时间发展这项运动，如今已举办了一些有关城市粮食自给自足的讲座。在他看来，"需要深

---

① 参见Lesincroyablescomestibles.fr。
② 这项技术的介绍，参见http://www.inspirationgreen.com/keyhole-gardens.html。

入展开工作，才能转变成自给自足的城市。以盒子为单位的食物，其价值在于共创繁荣：在我分享蔬菜的时候，我又收到了原来两倍的量，因为邻居们会为我带来秧苗一起种植。在这个过程中，我们成了朋友。从更远的角度来看，人们现在的生活并不快乐，因为大家都在相互竞争。关心自己、关心他人、关心地球，要改变自己的态度，因为这三者之间不但可以互相促进，还能良性循环。改变目光，团结合作，生产本地的绿色食物，我们就能在很短的时间内实现食物的自给自足，从一个接受全球供给的社会，变成一个和平相处、互相关爱、自产自销的团体。"

第六节　明天，为城市提供食物

城市绿色产业

　　为城市提供食物至关重要。因为，到2050年，地球90亿人口中将有75%生活在城市，过度发展的城市将导致所有地方农业面积的缩小，石油资源稀缺。石油峰值后世界城市的复兴，城市粮食种植不可或缺。正在转变中的城市已经为此做好准备[1]，如阿比让、约翰内斯堡、罗马、马德里、墨西哥、纽约等120多个大型城市于2015年签署了《米兰条约》[2]，参与组织粮食自主供应系统。

　　但在这一方面，社会大众还是走在了前面。在旧金山海湾就有10多个城市种植者运动组织[3]。在纽约，"仅是食物"协会建立了80多个粮食供给网络，将城市及其周边的农民聚集在一起。在巴西，库里蒂巴市的8000多个农民每年生产超过4100吨食物[4]，阿雷格里港、累西腓、圣保罗和萨尔瓦多还建立了地方粮食供给系统。在俄罗斯，超过三分之二的市民能够实现蔬菜自给自足。

---

[1] 参见有关能源一章线框中的文字。

[2] 参见http://www.milanurbanfoodpolicypact.org/text/。

[3] 如"旧金山城市农业联盟""小城市花园"、后院丰收项目、"城市的新芽""社区成长""海湾本土化"等。

[4] 共有1280块土地。参见《拉丁美洲的城市及其周边农业和库里蒂巴市市民：现实》，国际粮农组织（http://www.fao.org/3/a-i3696e.pdf）。

越南河内所消耗的80%的蔬菜和40%的鸡蛋均产自城市内部及周边地区，加纳的阿克拉市也是如此，90%的新鲜产品都由本地生产[①]。一些城市已几乎完全自给自足，另一些只需增加种植面积就能在一定程度上实现食物供给的独立。

法国阿尔萨斯大区一个人口仅2200人的市镇——翁热塞姆已经参与到这一进程中：它的转变是整体性的，将城市农业、本地货币与绿色能源相结合。和许多其他城市一样，翁热塞姆周边种植单一的谷物。2002年，面对该市生产的作物出口，市民却要从外面进口粮食这一反常现象，市议会决定重新推行粮食本土化。为此，市政府开发了一块土地，建立了一个绿色农场"红三叶草花园"，由一个接纳就业困难人群的机构派人管理。如今，该农场的产品已投入当地市场销售，走入了家庭[②]，每天为6个市镇的学校食堂提供500份的食物原料。

市长让-克洛德·孟什随后提出一项计划，建立"从种子到餐盘"的食品加工业，以集体利益合作社为名，由市政府参股，这一产业包括一个加工城市农场蔬菜的罐头厂、一个杂货店和一家小型啤酒厂。自2015年起，一种当地货币"拉迪"在该市流通，市民可以用它以低价在食堂用餐，或购买城市农场生产的蔬菜。这种货币是"建立社会关系以及重新本土化过程中一个必不可少的工具"，市长说。

翁热塞姆在能源方面也进行了转型：市政大楼像游泳池那样配备了太阳能电池板，农场由"能源合作公司"[③]供电，这一

---

① 根据城市农业和食品安全资源中心统计（Ruaf.org）。
② 参见Mairie-Ungersheim.fr以及玛丽-莫妮克·罗班《神圣的村庄！转型中的翁热塞姆》，2016年。
③ 法国一家提供可再生电力的公司。——译注

个公共设备还配有一个烧柴的锅炉。一个与国家电力系统相连的光能公园"为所有居民提供了除供热之外的所有能源。该市80%的能源实现了自给自足，包括工业"。市长说。以"贝丁顿零排放能源①"（BedZed）为模型，9个家庭共同建造了一个能源自给自足的生物气候村。农场也实行了零排放，仅使用马匹耕种，朝着永续生活设计的方向发展，（最终）通过太阳能给灌溉提供电力。

市政府邀请市民参加市政委员会（有关能源、可持续发展、流动性、水……），尽可能让更多的人参与转型过程。它还在一整年里组织市民种植果树、参与农场工程建设、统计当地的多样性物种。"10%的人参与了进来，我们应该定期推动发展。"让-克洛德·孟什说，"但这项政策由许多小步骤组成：转型不是一天完成的。我们同样不能说能100%实现粮食独立，因为我们没有种水稻或国外的水果品种，我们想要的是整体生态化，让人重新与环境和谐相处。在这一转型过程中，民众起到了革新与试验作用。正如甘地所言，榜样并非最佳的说服方式，它是唯一的。"

阿勒比市也决定做出榜样，它想通过三项措施在2020年实现粮食供给独立。第一，增加提供能够自由获取蔬菜的公共空间："一方面，城市的一些草坪没有用处，反而需要修剪、用可饮用水浇灌；另一方面，一些家庭常常在月底捉襟见肘，爱心餐厅的门口也时有排队。"该市负责可持续发展的副市长让-米歇尔·布阿说，他是这一项目的发起人。设立免费使用的菜园，这一想法得到了大家的认可：菜园由政府机构和"不可思议的食物"的成员耕种，如今已成为城市的一条"绿色街道。"

第二，在人口聚集区重新开展农业种植活动，土地由政府先

---

① 关于这一项目，参见能源一章。

买下，再以低价转租给菜农①。让-米歇尔·布阿进一步指出，
"我们最终将有73公顷土地来发展永续生活设计"，产品实行短
距离配送。

第三，重建从城市到当地市场的绿色地带："60个农民种
植了1223公顷土地，我们鼓励他们生产粮食，并仅在城市内销
售。"

总的来说，直径60公里的农业种植区预期将为阿勒比5.2万居
民提供粮食，这是法国首例。短距离配送一方面保证了农民的收
入，另一方面也确保了城市粮食的基本自足。"在这一地区是可
行的。"让-米歇尔·布阿信誓旦旦地说。

但他知道，完全自给自足是永远无法实现的。"我们这里不
能产香蕉，"他开玩笑地说，"但至少我们可以重新组织生产，
并将工作重心放在真正的问题上。"面对气候失常以及未来人们
（其中有75%的城市人口）的巨大需求，"该做出调整，保护我
们的地方土地资源了。已经来不及害怕了，必须立即行动"。政
府期待新一代的种植者（阿勒比的农业高中开设永续生活设计课
程）能为这一转型做出贡献。此外，它还考虑了各个不同的区
域，其中"办公区可以系统地设置一公顷的农业用地"。其他城
市也纷纷效仿，如雷恩市也规划了一些免费使用的菜园、城市绿
色农场以及短距离食物配送。

---

① 前两年租金免费，之后每年每公顷收取80欧元。

水培带来的收获

　　和城市周边的农场一样，在一些土地紧缺、极为城市化的地方，我们还可以采用垂直水培方式，它是土地耕作的用水量的十分之一。在蒙特利尔，这项技术确保了该市全年都能生产新鲜的蔬菜，而通常，受魁北克严酷气候的影响，该城市大部分蔬菜都不得不从加利福尼亚州进口。在那儿，我还遇见了这项技术的开拓者之一穆罕默德·阿热。

　　穆罕默德的第一个水培暖房——吕发农场设在蒙特利尔一座工业大楼的房顶。在3000平方米的空间，甜椒、西葫芦、西红柿的茎干从一列列微型檐槽中生长出来。这个暖房每天生产600公斤、共计40多个品种的蔬菜，在现场售卖（70%的顾客来自当地社区）或是被转运至城里，很快便取得了成功："第一周就卖出了500筐。"穆罕默德说。为了满足市场需求，他只好与当地的一些绿色植物生产商联合。

　　吕发（Lufa）温室是生态与科技相结合的种植典范，不使用杀虫剂，由瓢虫和蜜蜂传粉，用水量也很少：通过雨水收集和玻璃天棚上的积雪融化就能满足浇灌需求。"每次下雨，蓄水池一满，我们就不再需要用自来水了。"穆罕默德解释说，水在闭合的回路中循环。同样，暖房的供热也依靠大楼所散发的热量以及太阳能。而且，暖房还是一个绝佳的保温毯，能减少建筑物在冬天的热损耗以及夏天空调设备的使用。

　　他预测，未来，城市里将"到处都是这些屋顶暖房，两平方米的水培种植就能为一个居民提供一整年的食物，比如，蒙特利尔就已经拥有足够多的屋顶来实现食物的完全独立"。这一模式无论在南北半球都能实行：穆罕默德将它带到了拉瓦尔和波士顿，孟加拉国和沙特阿拉伯等国家也向他发出了邀请。他坚信，如果没有屋顶的深度种植，"人们无法养活那么多人口"。

如今，这些水培暖房正在迅速扩张。在里昂（"城市农场"）、巴黎（"绿色屋顶"）、新加坡（"天空下的绿色"）、芝加哥（"在这里耕种"，生态、非营利性）以及许多气候严酷的地区，如海湾国家、阿拉斯加，都能发现它的身影。由专业公司经营的农场，如纽约和芝加哥的"哥谭之绿"（在芝加哥，一个2.3万平方米的大型农场每年能生产粮食450吨）将作为水平式耕种的重要补充，东京、首尔、新加坡也准备增加暖房数量，产品实行短距离配送，减少了运输成本，降低了碳排放量。在布鲁克林一家名为"全部食物的绿色食品商店，里面出售的蔬菜全都是店主自己在屋顶利用太阳能电池板水培生长的。

显然，这些水培式农场必须避免乡村农业犯过的错误：生产本位主义，使用农药。如果成为工厂式农场，它们将毫无意义，它们必须是生态性的（天然、零能耗、零浪费、可降解包装……），有助于建立社会联系。比如，在新加坡，ComCrop[①]有一个550平方米的水培温房，集中种植，为当地社区提供蔬菜，并希望在各个社区和大楼增加迷你水培种植的数量。在新加坡，许多宾馆、餐馆、学校，包括一家医院，都已经开始在内部种植蔬菜：这类深入社区的种植方式，为将来的发展提供了一种良好的选择。

---

① 新加坡一家致力于城市农业发展的社会企业。——译注

第七节 重获城市空间

对这一影响世界的现象做了全面考察之后，我们确信，未来属于那些已提前实现粮食自给的城市。几年后，它们或许会像荷兰的阿尔梅勒市①一样，实现绿色能源及绿色食物（多亏了暖房）的自给自足，并能完全循环利用水和废物。最终，居住环境、生态及周边农业将紧密地联系在一起。在美国，人们已经建设了一些包括菜园和果园的新型农业社区，如凤凰城的"阿格利托比亚"②、佛蒙特州的"南方村庄"、弗吉尼亚州的"柳树浅谈"。当地居民的自主生产也不可忽视：据国际粮农组织统计，一平方米土地每年能生产50公斤的新鲜食物，即占全欧洲蔬果建议消费量的三分之一。法国国家家庭和集体花园联合会指出，"一个150平方米的菜园能为一家四口人提供一整年的食物。"作为土地耕种的补充，水培及类似培养技术③不仅在大型暖房中实行，也在居民区中获得推广。技术共享④、成套安装设备以及"开源监控"系

---

① 参见ReGenVillages.com以及娜塔沙·德尔莫特的《粮食与能源自给自足，荷兰将要建成一个零浪费村庄》，《我们的明天》，2016年5月30日。

② Agritopia，即农业乌托邦。——译注

③ 水养殖（鱼菜共生系统）、空中种植（利用水不停地蒸发）、超生培育（利用超声波）。

④ 特别参见http://www.urbangardensweb.com/2014/01/14/six-kinds-of-hydroponic-gardening-systems-and-hydroponic-planters/，有关水养殖，参见http://aquaponie.net/, http://jardincomestible.fr/aquaponie-permaculture/，和Aquaponie.fr。

统①方便了此类种植模式在阳台、屋顶及墙面的应用。

城市农业不仅是单一的食物供给，首先是对城市的一种反思，缓解贫困问题、重建社区联系、保持生态多样性，将市民从经济循环中解放出来。此外，它还承担着一个基本职能：恢复"公地"（commons），这些盎格鲁–撒克逊世界的公共土地，过去曾让村民们自由耕种，以确保他们的生存。16世纪，英国公地的退化导致人民贫困、暴动频发（如1607年，在米德兰发生的暴动）。新型现代公地，即集体花园，重新将自主、集体福利、社会公正及生态概念引入城市，用伊凡·伊里奇的话来说，它们还"以个人行动替代消费品购买，以社交工具替代工业工具"，从而改变了交换的性质。

城市外围商业区和工业区建设了几十年之后，农业也纳入城市生态系统。从长期来看，重要的是最终产生了一种与城市存亡密不可分的新型经济，这一后工业时期的经济在确保食物自我供给的同时，还在转型期创造了许多工作岗位，保证了城市有机废料的循环再生②。它所带来的好处不仅在于可持续的食物供给，城市的碳排放量也在减少，年轻一代培养了生态意识，学会了一种新的共生方式。

---

① 参见http://electronicsofthings.com/iot-ideas/Internet-of-farming-arduinobased-backyard-aquaponics/。

② 这类废料占家庭垃圾的三分之一（集体餐馆和食物加工业废料更多），它们经循环再生变成了沼气和农业堆肥。在爱尔兰和瑞典，几乎所有的人都会对这些有机废料进行挑拣、收集，80%的澳大利亚人、75%的加泰罗尼亚人以及60%的德国人也如此。许多城市（米兰、帕尔马、旧金山、波特兰、西雅图、温哥华等）也参与其中。法国要到2025年才会对有机废料的收集强制化，但许多先锋城市已经配备了收集箱和堆肥箱。

第三章

新的生活方式

一个民族，应当彻底改变自己的
价值观，迅速将以物质为中心的社会
改变成一个面向人民的社会。

　　　　　　　　　——马丁·路德·金，1967年4月4日

我们可以温柔地撼动这个世界。

　　　　　　　　　　　　——莫罕达斯·甘地

第一节　重归本地化消费

　　消费本地化？在经济全球化的背景下，这一理念却一反常态，得到前所未有的普及。大型超市被当作是全球化危害（"垃圾食品"、低效的运输方式、品质一般、缺乏社会道德的货物输入）的象征，如今已在许多工业化国家中逐步丧失客源[①]，本地化购物又重归潮流。

　　这次转变的先锋或许是1986年由记者卡洛·彼得里尼在意大利

————————

① 在法国，大型超市的营业额日益下降；在美国，购物中心正逐步衰退，许多商场不得不关闭。参见莉萨·米勒的《濒临死亡的商场：美国半数购物中心预计将于2030年关闭》，美国广播公司，2015年1月28日；马克西姆·罗班的《美国年轻人为何抛弃了商场？》，《法国摇滚杂志》，2014年11月2日。

成立的"慢食"运动，该运动旨在保护食物的味道、土地和有机农业。它借助网站"地球母亲"，在110多个国家宣传推广"生产食物的社区"①，并催生了一个意义更加广泛的哲学概念："慢生活"。"慢生活"具体表现为"慢城"②（一些城市为提高生活质量而参与其中，参与方式有"无汽车日"、农贸市场……），"慢建筑"（使用当地生态材料）。"慢钱"③是指对有机农场或本地合作社进行投资；"慢游"则是换一种方式旅行，不是作为消费者，而是去探索其他文化，与当地居民交流；"慢教育"是重视书籍，提倡亲近大自然；"慢时尚"是抛弃世界品牌，转而关注个性化服饰。

"慢生活"促进了工业化国家的土地再发现，其中，购买当地产品，尤其是食物，就是一个例子。在美国，重归本地化运动不仅保障了就业，让人们了解产品来源，还促进了无碳经济的发展。越来越多的网站、书籍、杂志（《Yes》《新农村》《重新本土化美国》）以及智库（后发展研究所、新经济网络、后碳研究所、新经济工作组、以人为本发展论坛……）都对这一潮流进行了声援。

作为领导者之一，"本地生活经济商业联盟"④由3.5万个北美企业组成，将新一代企业家联系在了一起：他们坚信一个负责任的生态与社会经济不是建立在全球化的基础之上，而是以再现地方繁荣为基础⑤。他们还提到，开发土地的经济、社会、文化及

---

① 参见http://www.slowfood.com, http://www.slowmovement.com和http://www.terramadre.org。目前，这项运动被推广至153个国家，并且每年都会在美国召开一次世界峰会。

② Cittaslow.net

③ 以美国为例，参见http://www.slowmoney.org/local-groups。

④ Livingeconomies.org

⑤ 波特兰（缅因州）的一项研究表明，每在地方商业花费100美元，就能再为本地经济多生产58美元，但如果这100美元是花费在国家或跨国连锁店中，那就只能多生产33美元（www.portlandbuylocal.org/news-events/study-buying-locally-pays-big-dividends/）。

能源潜力将在收入、社会生活、公众健康、生活质量、创造力和民主方面，为当地居民带来诸多益处。

短距离供应，农业支持协会

在美国，这种新的土地利用方式表现为绿色工业（比如地方太阳能合作社）、以社会团结为目标的企业[①]以及农贸市场（数量在20年间翻了四番[②]）的数量增长上。短距离食物供应也获得了成功：如今，16.4万农民直接向消费者售卖农产品[③]，在10年内，由当地农场供给的学校数量从400所增长至4.25多万所，惠及2300万美国人[④]。"本地农业"协会在法国也展开了类似运动，为本地农民和集体供餐的机构（学校、医院）建立了联系。

食物采买的重新本地化运动同样也出现在了加拿大、澳大利亚和欧洲，在农场和网络[⑤]上，到处都有直接交流和流通的系统。在法国，三分之一的消费者每周都会去购买农产品，他们或是到农村，或是在城里，到由农民开设的集体商店（在法国已经超过

---

① 这一类型的企业在美国超过160万家（加尔·阿尔佩罗维茨的《新经济运动》，《国家》，2011年5月25日，http://www.thenation.com/article/160949/new-economy-movement）。

② 1994年至2014年间，数量从1755个增长至8268个（美国农业部）。

③ 来源：美国地方和区域农业发展趋势（http://www.ers.usda.gov/media/1763057/ap068.pdf）。

④ 从2004年至2014年（来源：从国家农场到学校网络，http://www.farmtoschool.org）。

⑤ 如BigBarn.co.uk、FarmHouseDirect.au、EatWild.com等网站。

300家①）中采买。农民们还开设了一些面向城市家庭、餐馆和农村杂货店的本地食品商店，如在罗纳河口省种植有机食品的三个欧巴涅农民②。网络上也可以进行直销，农民们集体在网上出售农产品，如"蜂巢说好！"③中的"蜂群"。此外，还有一个同类型的"开源"平台："开放食物网络"，将本地生产者与消费者联系在一起，建立了一个直销系统④。数百位来自澳大利亚、英国、加拿大和南美的农民已经开始使用这一网站。

自己建立一个食物供给产业，这个想法并不新颖，20世纪60年代日本就已经出现过；一些城市家庭的母亲担心牛奶里的农药含量高，一起向有机农业生产者订购食物。如今，四分之一的日本家庭加入了一个名为"合作"的自治采购组织。这一想法随后被推广至全世界，先是被带到德国、奥地利和瑞士，1985年又以"社区支持农业"⑤为名跨越了大西洋，在英国、丹麦、法国、比利时、荷兰、意大利和葡萄牙逐步发展，随后又传至韩国、马来西亚、印度、中国以及一些非洲国家（摩洛哥、马里、贝宁、多哥、乌干达、塞内加尔等）。

法国首个"农业支持协会"（Amap）⑥是由一对农民夫妇，

---

① magasin-de-producteurs.fr上列出了相关名单。一些农民在商店内部实行以物换物的服务：一个人将另一个人提供的水果做成果酱，反过来，后者就要为前者制作酸奶。售卖的农产品网站可以是地方性的，也可以是国家级的。

② 布鲁诺·克尼平、弗朗索瓦·普莱斯纳尔和塞巴斯蒂安·皮奥利。参见http://filiere-paysanne.blogspot.fr。

③ 这一在欧洲多个国家实行的平台会在销售中抽成。因其商业性质和股份制构成（Free的创始人泽维尔·尼尔就是其中的股东），它常常遭到"农业支持协会"发起人的批评。

④ openfoodnetwork.org和openfoodfrance.fr。

⑤ 参见地图http://www.localharvest.org/csa/。

⑥ 参见http://www.reseau-amap.org/。

丹尼丝和达尼埃尔·维庸于2001年在瓦尔省创立的。在过去的20年里，法国的农庄数量减少了一半，要是没有他们的支持，许多个体农民早就消失了。该协会"不仅仅是提供菜篮子采购服务，更是一个积极的组织，一个相互的约定，其形式通过农民与居民之间的独立合约而确立"，图卢兹农业支持协会的开创者之一安妮·韦德克奈特说[1]，因为"应该由市民和农民一同说出他们想要的是哪种农业和食物……我们生活在同一块土地上，他人的存在与我们息息相关"。

这种自我管理的食物流通，其优势之一，在于产品价格比有机商店或大型超市便宜[2]。这种直接的关系也让人重新思考以团结为基础的商品交换，比如，在英国，"农业支持协会"的成员帮助农民采收；在日本，"合作"组织的成员为农场提供有机废料以生产堆肥。

一些"农业支持协会"选择用自行车来配送菜篮，如布达佩斯（匈牙利）的"卡尔科诺米亚"：这一刚刚起步的机构是由衰退党发言人樊尚·利热[3]所创建，它同时也是一个微型企业与创意的孵化器，致力于"自己动手做"、低技术含量以及创造本地就业岗位。运送货物的自行车是由社会合作社所制造，这也是一家参与性质的自行车工作室。

最后，短距离食物供应也可以帮助安排人口就业：科卡涅花园系统的110座花园为数万个家庭提供有机蔬菜，如果是贫困家庭，价格还会更低。它们还帮助4000多个失业人口重新找到了蔬菜种植工作。

---

① 安妮·韦德克奈特还写了一本《Amap，历史与经验》，新卢巴蒂埃出版社，2011年。
② 参见由"马赛菜篮"所组织的一项比较研究：http://lespaniersmarseillais.org/Etude-de-prix-La-Bio-moins-cher。
③ 他也是《衰退计划》一书的作者，乌托邦出版社，2013年。

一个适用于其他领域的原则

短距离供应的原则不仅限于食品方面，还可以被应用到其他商品和服务。在德龙省，"树精灵"协会成立了一个"农业支持协会"，向当地林业员购买木柴，通过适度的砍伐来保护森林①。在瓦尔省和卢瓦尔-大西洋省，"渔业"支持协会帮助当地渔民开展工作。

一些城市还出现了文化艺术创作支持协会：2012年由AP3C协会②和"艺术家互助团体"发起，扩散到里昂、圣艾蒂安、巴黎、里尔、雷恩和图卢兹，他们给大家分发装有书籍、CD和演出门票的篮子。这些文化"网兜"在艺术家和大众之间建立了直接的联系，给戏剧、音乐、大众阅读、摄影及出版提供支持。文化艺术创作支持协会从中发现了一种"民主、去商业化"③的文化政策模范。

---

① 参见加斯帕尔·德阿朗、露西尔·勒克莱尔的《在森林农业支持会的帮助下，另一个森林指日可待》，发表于《报道之地》，www.reporterre.net/Avec-les-Amap-Bois-uneautre-foret-est-possible。

② 全称为"南特短距离文化预供应协会"。——译注

③ 阿涅丝·马亚尔的《文化网兜：造福于艺术家和感兴趣市民的一种新经济模范》，Bastamag.net，2015年4月2日；关于Amacca的项目，参见http://amacca.org/category/repertoire-des-amacca/。

消费者合作社

　　在"农业支持协会"的示范下，还出现了许多其他直购途径。在比利时，一些市民组成了"共同购物团体"，一起购物。法国的"杂货采购团体"①也如此，住在同一个村或社区的居民一同购置大量的有机产品，之后再进行分配。在里昂，"3个小豆子"杂货店将有机产品配送给居民和一些团体，由此催生了一个相关组织："临近地区食物供给团体"，它将杂货店、短距离供应、生产者、移动商店以及面包店、餐馆之类的当地有机食品和公平贸易产品的所有消费者联系在了一起。

　　谈及集体购买，很难有比消费者合作社更有组织的了。在日本，此类合作社共有140家，聚集了1890万成员，其国家联盟（JCCU）的发言人羽弘天野说。最大的是成立于1921年的"神户合作社"，包括140万个家庭，其他则大多诞生于二战之后粮食危机时期，以及20世纪60年代一系列食品安全丑闻（如牛奶砷中毒事件）之后。如今，"它们的主要目标在于保障消费者安全"，羽弘先生确认道。为此，合作社与农民、渔民直接签订合同，并亲自测试、包装产品。它们的成员来自同一个社区的5至12个家庭，每周下订单一次，产品随后被配送到家。他们随时可以参观生产的地方，有时还会去帮助生产者种植水稻或采收水果。

---

① 该组织分布于布列塔尼大区、洛泽尔省、阿尔代什省、巴黎和马赛……参见http://gase.parlenet.org/。

"总而言之，他们拥有最终话语权：如果一项生产不合格，就暂停。"羽弘先生说。

　　除了这种关系外，合作社还为其成员提供许多服务。比如，"生活俱乐部"为病人和年轻的母亲创造了互帮互助的机会，并开设了餐馆、面包店和二手商品店。其他合作社则组织了旅行、互助会和包装回收小分队，还有的像"绿色合作社"一样，设立了托儿所，并为老年人提供服务。它们更偏向日本左翼，立场鲜明，声称是生态保护主义者，"生活俱乐部"就反对农药、转基因和核能①。2011年3月，福岛核事故后，合作社为灾民输送了数吨粮食和帐篷，它们"在食物调控方面位居前列"，羽弘先生说道。

　　这些合作社也以不同的规模活跃在众多国家：加拿大、阿根廷、巴西、印度、斯里兰卡、俄罗斯……美国共有165个合作社，成员超过130万人②；欧洲共有4000多个，聚集了3200多万消费者③。它们引导消费有机的、本地化的和有道德的产品④。在韩国，63万合作社成员购买了有机市场上13%的产品，占公平贸易市场的四分之一⑤；在芬兰（共有190万成员），85%的在售食品均产自本地；在瑞典（310万成员），合作社是"公平贸易中有机产品分销的领头者"，来自瑞典合作社联盟的斯塔凡·埃克隆德

①　"生活俱乐部"于1989年荣获"优秀民生奖"，又名"另类诺贝尔奖"。

②　参见这些地方合作社的年鉴：http://www.ncga.coop/memberstores。

③　来源：欧洲消费者合作社（www.eurocoop.org）。

④　价值观改变的信号：美国作为工业化农业的领导者，其有机产品消费量却居世界首位，欧洲紧随其后。继美国和德国之后，法国是第三大国家级市场，其有机产品市场从2007年至2012年扩大了一倍，每年大约增长10%。在中国，有机产品消费自2007年至2012年增长了两倍。在印度，每年增长25%至30%；巴西为20%。

⑤　金亨美的《韩国消费者合作社活动潮流》，iCOOP合作研究所，2013年。

说，他们还拥有一个国际性的帮助机构——瑞典合作社中心，以支持非洲、拉丁美洲和东欧的合作社发展。

第二节　团结合作商店

　　公民社会不仅仅是从无到有，创造了一些新的食品行业，也在试图挽救地方贸易。2011年，在纽约州大学城伊萨卡市，一家书店面临关闭的危机。当地居民群策群力①，一部分居民组织募捐，共同使用这笔资金。如今，水牛街书店成了一家充满活力的商店，里面时常举行各类活动，自称要"惠及社区"。美国共有300多家由市民共同所有的商店，尤其以食品类数量最多②。它们不仅帮助建立和维持社会联系，还为"食物沙漠"（商店网店少的不发达郊区）提供重要的资源。如费城的马里波萨食品合作社、匹兹堡的东区食物合作社、辛辛那提的苹果街市场、奥克兰的曼德拉食品以及新奥尔良的食物合作社等由居民自主管理的杂货店，他们帮助贫困人群摆脱垃圾食品，重新品尝到新鲜的产品③。这些机构往往还附带一家咖啡馆，或是料理作坊、文化活动

---

① 参见有关居住环境、金钱使用和健康的章节。
② 海德·B.马尔霍特拉的《社区所有的商店数量呈上升趋势》，《大纪元时报》，2009年7月21日。
③ 这些北美的合作式杂货店，参见http://www.coopdirectory.org/，http://www.foodcoopinitiative.coop/，http://www.grocer.coop/coops（通过绘制地图，能够了解它们的分布密度）。

场所。

2009年，在市民投资者俱乐部"蝉"的帮助下，法国波利尼市（汝拉省）的居民将一家书店从破产边缘挽救回来[1]。"顾客们利用自己的关系网和知识展开帮助，有几十个人还各自认捐了500欧元。"新波利尼书店的老板玛蒂尔德·韦尔贡说。该书店自振兴后的第二年就开始盈利。

在英国郊区，居民同样也购买了330家商店[2]，其中许多是小酒馆，如"彭文"[3]酒馆，这是一家有3个世纪历史的古老酒馆，坐落于费斯廷约格一个威尔士村庄内，由当地人合作买下。在西萨塞克斯郡的洛兹伍兹村，居民合资开设了一家协会式多功能商店（出售新鲜产品、面包、报纸，还提供邮寄服务……）。这些由居民管理的商店在苏格兰群岛那样偏僻的地区显得尤其重要，它们通常用于组织当地的食物供给系统，为城市里的杂货店、农业支持协会和乡村市场建立联系。西班牙也有类似的杂货店，用来分配地方农产品，如潘普洛纳的"兰达尔"和塞维利亚的"荨麻"。

这类新一代的商店以参与的方式运作。在伦敦，"人民超市"售卖该市附近农民所生产的有机产品，它只有少数几个雇员，真正使这家商店运作的是近千名志愿者，他们每月轮流工作4小时，作为回报，他们享有一定的购物折扣。"人民超市"的想法是受美国一家合作社启发，即布鲁克林的"公园坡食品合作社"，它于1973年开创了大众参与的管理方式，在那里工作的均

---

① 参见有关金钱使用和健康的章节。

② 参见http://www.communityretailing.co.uk/shops.html。

③ 参见http://www.pengwerncymunedol.btck.co.uk。许多修缮工程受到了布朗克基金会的帮助。

为收入微薄的志愿者，他们可以获得6至8折的优惠。如今，欧洲的杂货店①通常也采用这一合作原则，集资开设。

在巴黎，金滴社区的居民也创造了一个类似概念——"巴黎合作社"，直接销售本地产品，由700多个成员自愿管理②。同样，埃邦（伊泽尔）的"泽伊布团结"杂货店也给收入微薄的家庭提供低价食物③。在巴黎，还有一家社会性的合作制杂货店"大土豆"，它为肖蒙小丘社区的居民提供了产自法兰西岛的低价蔬果④。英国的社区超市⑤、非盈利性小型社会超市体系也同样，以低价出售超市没有上架的新鲜食品，并为顾客提供其他服务（如修改简历），与"食物循环"的志愿者一道回收没有卖出去的食物，并以此为材料给贫困群众提供饭食。

这些新型商店的经营理念也不止于此。比如，在南特，我们可以去"今天为了明天的复兴"协会购买本地的有机蔬菜，也可以去喝杯咖啡，借装修材料或是交换一些服务⑥。在诺瓦西勒塞克，"食堂合作社"不仅是杂货店，还是一家快餐店，也是当地居民的会面之处。在鲁贝，"巴卡拉合作社"被定义为是"公共财产的

---

① 巴黎的"母狼"、里尔的"超级小孩"、蒙彼利埃的"木箱子"、图卢兹的"美好合作社"、波尔多的"超级合作社"、比利时斯哈尔贝克的"蜜蜂合作社"等。

② 参见https://coopaparis.wordpress.com/；纳迪娅·贾巴利的《选择在巴黎市中心开设超市》，Bastamag.net，2014年5月29日，http://www.bastamag.net/Une-alternative-a-la-grande。

③ 参见《泽伊布团结商店，由生产者到消费者之间的食物公平》（http://www.alpesolidaires.org/le-zeybu-solidaire-l-equite-alimentaire-des-producteurs-aux-consommateurs）。

④ 这类社会性的杂货店有几百家，它们的产品价格平均低于市场价20%（参见epiceries-solidaires.org上的列表），其中一部分面向学生，如Agoraé项目。

⑤ 参见http://community-shop.co.uk/。

⑥ 参见《参与的场所，同时也是一家有机杂货店、循环利用的工坊，为复兴明天的世界而努力》，Bastamag.net，2015年1月30日。

工厂"：它位于一栋生态大楼内；是一家接纳就业困难人群的餐馆，不仅烹调本地的有机产品，同时也是一个文化活动场所（写作工坊、演出……）①。

第三节　减少浪费

与浪费做斗争也是有机化和本地化转型中一个必不可少的过程。据国际粮农组织统计，全世界每年有三分之一的粮食被丢弃，美国达到40%，数百家专门销售回收食物的小型超市应运而生。它们的消费者大多来自收入微薄的家庭，也有一些人仅因反对消费社会的过度浪费而自发前来购买。在每年丢弃70万吨食物的丹麦，一家名为"我们的食物"的超市于哥本哈根开业，它将包装损坏或过期但仍安全的食物以5至7折的价格售卖。

在德国的互联网平台foodsharing上，家庭、商家及生产者都能自行售卖滞留食物，该网站还通过地理定位，帮助消费者选择最近的卖家。这一创建于柏林的系统每年在德国、奥地利和瑞士销售数吨食物，还通过Partagetonfrigo.fr进入了法国市场，Copia平台进入了加利福尼亚州，邻居食物（Neighbourly Food）进入了英国。在欧洲许多国家流行的"别丢了好东西"（Too Good To Go）同样也致力于寻找商店和餐馆未售出的食物。也可以在街边放置冰箱，以回收食物：这些团结共享的冰箱最早出现在柏林，由数

① 参见http://www.cooperativebaraka.fr。

千名志愿者回收食物。如今，它已遍布德国众多城市以及阿根廷、西班牙和印度。

收集食物并非是一件悲伤的事，也可以用来举办庆祝。第一届"碎片迪斯科"由德国慢食运动组织于2012年在柏林举办，自此，"迪斯科浓汤"风靡全球（美国、英国、西班牙、荷兰、巴西、韩国……）。这些将大家团结起来的庆典，口号是"是的，我们切了！"（Yes we cut!），它们通常还组织一些活动（游行、音乐会、节日……），举办地点可能在市场、联合空间或是医院。在音乐声中，志愿者用从市场和商店里回收的食物做汤、沙拉和果汁，随后以大型自助餐的形式免费分发给所有到场的人。在法国，这项运动促使了"瓶子迪斯科"①的诞生，人们在社会机构、移民和流浪者之家组织一些参与性的工作坊，一起准备食物，然后放在大口瓶里。在许多城市（巴黎、马赛、里昂、图尔……），这些社交活动通常以步行收集、料理工坊的形式展开，一方面发展了社会关系，另一方面也强调了自己动手做和本地资源的价值。

在全世界每天生产的大量垃圾中，食物浪费约占三分之一，它将一点一点地淹没地球②。仅在法国，每秒钟就有近2900个家用包装被丢弃，只有67%被回收利用。塑料显然是其中毒性最强的，每年有800万吨塑料被倾倒进海洋，对食物链造成了无法挽救的破坏。人类世③的可怕预言：以目前的速度，到2050年，大海里

---

① 参见http://discosoupe.org/disco-boco/。
② 在关于这一主题的众多资料中，我们主要参考了Youtube上的《准备丢弃：注定的废弃》以及《现金调查》杂志上的《我们设备的注定死亡》。
③ 或称"人类纪"（Anthropocene），是由荷兰大气化学家、诺贝尔奖获得者P. 克鲁岑提出，从地质学词汇借用而来，作为地质学时代系统中最新的一个分期的概念。作为人类活动干涉自然环境和改变自然环境，成为一项地质营力的表征，一个人类成为重要的、时常占主导地位的环境因素的地质时代。——译注

的塑料数量会比鱼多[1]。

　　因此，购买没有包装的东西，举措虽小，却意义重大。杂货店和散装货架的迅速发展见证着这项举措在各地实行：在法国，有沃昂夫兰的"牧月"、波尔多的"装备"以及"有机合作社"、"一天天"系统[2]……意大利的Effecorta商店、伦敦的"不打包"、柏林的"有机空间"和"最初无包装"、维也纳的Lunzers、蒙特利尔的弗兰科、安特卫普的Robuust、巴塞罗那的"体积"，还有一些美国城市，如奥斯汀、旧金山等也开设了此类商店。每天都有新的项目开始实施，这还不算上早已加入的超市。这一举措无疑得到了"零浪费"体系的支持，后者在世界各地组织团队，以期重新思考与垃圾之间的关系，并实现最终消除垃圾。他们获得了群众、城市及工业的关注，并在自己的博客上宣传好的想法，希望能在日常生活中"零浪费"：在家中或社区安置堆肥箱、自己制造基本产品（牙膏、家用清洁剂）等。

捐赠经济

　　您不想扔？那就送给别人吧：赠与和分享如今已成为一种真正的节约。一些还能使用的物品（家电、玩具、CD……）利用"资源"系统和"以马忤斯"团体，或是依据共享冰箱的原则，将物品放在"给予箱"内——这些小隔间很容易安置在社区，只

---

① 这是麦克阿瑟基金会的预算数据。塑料需要400年才能消解，它们被分解成微粒，要么被浮游生物消化，要么附着在鱼的身上。

② 表单参见散装体系网站：http://reseauvrac.fr/。

需几块木板和一块提示可以在其中放置物品并免费取用的牌子就可以。这一构想最早由一位柏林人在2001年提出，随后遍及整个欧洲和加拿大。

同样，"楼顶市场"也被推广至多个大陆：在那些露天的空旷顶层，一切都是免费的。这是一个名为阿里尔·罗德里格斯·博西奥的阿根廷年轻人的创意，并在布宜诺斯艾利斯实施，目的在于发展另一种经济。这类楼顶市场成了一种重要的社会现象，每个人都在那里找回了给予和回收的乐趣。在这之前，北美的一些城市已经开设类似的市场，"真正免费的市场"，它们设置在广场上，人们可以将自己的书、衣服或电脑拿过去。许多城市还出现了"给予商店"，人们需要带来一样物品，以换取另一件。还有一些"免费商店"，主要出现在底特律、辛辛那提和巴尔的摩。

在德国，"白送商店"[①]最先于1999年在汉堡开放，随后遍及各大城市以及维也纳（奥地利）、阿姆斯特丹、洛桑、米卢斯和巴黎。南非的两个年轻人，马克斯·帕扎克和凯利·韦·莱维坦，也曾短暂地创办过几个"街头商店"，将衣服和鞋子挂在墙上、栅栏上，或是放在路口街角，赠与那些需要的人[②]。

除这些实体系统，捐赠显然还通过互联网发展："免费循环"网站聚集了来自170个国家的900万成员[③]，Freegle有130万英国用户。澳大利亚的Ozrecycle、比利时的"给予"以及法国众多

---

① 参见http://www.umsonstladen.de/。

② 视频参见http://www.capetownetc.com/blog/culture/5-minutes-with-kaylivee-levitan-from-the-street-store/。

③ 参见http://www.freecycle.org/about/background。

的捐赠网站①都只收集物品。比如，人们可以通过Les-ptits-fruits-solidaires.com和lepotiron.fr网站，将自己菜园里多余的食品捐赠给低收入人群。

巴黎的"书籍循环"，英国、美国和德国的"世界读书之夜"则为书籍捐赠搭建了平台。"图书漂流"②在世界范围的推广则更为诗意：将一本书放在公共空间，留下字条告诉他人此书可以自由取阅，书上还贴着一张标签，伴随着它的所有旅行。

街边图书馆也拥有同样的漂流精神：用一本书换另一本书。我们在70多个国家都发现了它的身影，主要是在美国（小型免费书店③，"书盒子"）、加拿大、墨西哥、日本、印度（流动图书馆）、乌克兰以及欧洲的大部分国家（德国、西班牙、英国、荷兰、法国④）。重要的是要有想象力：这些迷你图书馆被安置在回收来的托板上、重新漆过的冰箱里，或是放在自行车上（巴西的Bibliorodas⑤）、电话亭里（纽约、伦敦）、人行道的盒子里（美国占领书店⑥）、空的树干里（柏林）、真正的架子上（科隆），或是骆驼的背上（肯尼亚）。

书籍、衣服、用过的物品……在这些相似的经济流通中，免费主义者可以找到他们想要的所有东西，也可以采集大自然的馈赠物：自此，人们可以自由地在世界各大城市（旧金山、墨尔

① 参见http://www.donnons.org; http://donne.consoglobe.com; http://jedonnetout.com; http://www.partages.com; http://www.recupe.net; http://www.lecomptoirdudon.com; http://www.co-recyclage.com等。

② 参见http://www.bookcrossing.com。

③ 参见http://www.littlefreelibrary.org/。

④ "流动图书馆""波尔多阅读盒"等。参见https://leslivresdesrues.wordpress.com/。

⑤ 参见Bibliorodas.wordpress.com。

⑥ 参见https://occupypghlibrary.wordpress.com/。

本、蒙特利尔、布宜诺斯艾利斯、内罗毕、新德里、巴黎……）
进行采集。全球所有城市的多样生物（水果、芳香草本、野生蔬
菜……）被一一登记，记录在参与性网页Fallingfruit.org上。而通
常，我们只需看看自己四周就足够了：每年，在我所居住的巴
黎，街上的榛子树都会为我送来榛果，有时，我还能在曼哈顿发
现樱花，在罗马找到橘子。

维修、回收、升级再造

　　回收经济早已被中产阶级广泛接受，他们逐渐减少"买——
用——扔"的反常循环，倾向于回收利用，甚至还学会了维修，
但有时并不容易。因此，2009年，荷兰人马蒂娜·波斯特马在阿
姆斯特丹创立了一家适合交际的咖啡馆兼工作室，人们在那里可
以相互帮忙，修理一些本该废弃的物品。继首家维修咖啡馆获得
惊人的成功之后，如今，全世界出现了数百家同类型的咖啡馆：
在专业志愿者或家居修缮爱好者的帮助下，家用电器、家具和玩
具得以修复，从而减少了购买次数和垃圾数量①。

　　在欧洲、澳大利亚、美国和加拿大，还有一些类似的参与性
自行车修理间②。在法国，像格勒诺布尔的"心中的小自行车"、
第戎的"朱尔斯的自行车"、圣艾蒂安的"变速器"，以及法兰

---

① 2015年，20多万件物品在那里重新找回二次生命，共减少一氧化碳排放量200吨（来
　源：Repair-cafe.org）。垃圾的填埋和处理事实上是碳排放的重要来源。
② 参见http://www.heureux-cyclage.org/Les-ateliers-velo-dans-le-monde.html。
　该团体致力于"vélorution"，即让自行车重新占领城市。

西岛的"互助自行车""自行车药店"之类的作坊由"快乐循环"体系统一管理。

无论是由协会还是由个体管理①，修理间都有相同的原则：人们在这里不仅能获得更加优惠的价格，还能在专业人士的帮助下，学会自己修车。在农业材料方面，农民合作坊也创建了一个类似平台：主持自发建立的工具、机器作坊网络，帮助农民自己配备装备，并提供一些"开源"技术指导②。

---

① 名单参见www.selfgarage.org。

② 参见http://www.latelierpaysan.org。

升级再造的好主张

　　不仅要拯救物品，免得它们被填埋，还要赋予它们第二次生命——有趣、有用且富于创造性。升级再造正在全世界蓬勃发展，用木托板做家具房屋①，塑料罐用于园艺种植，用汽水易拉罐做灯，将旧布料变成复古服装。

　　最具创意的升级再造与信息技术相关：2011年，法国的5个年轻人发起了一个活动："杰瑞，一起做"②，他们将电脑中还能使用的部分拿出来，放入一个回收的塑料罐（4.5升的英式加仑罐）中，配以免费软件，重新制造一台新电脑。国际团体"杰瑞族"从非洲（贝宁、多哥、科特迪瓦、马里、喀麦隆、阿尔及利亚……）扩大到了美国，将生态环保意识、技术民主化及实验制造精神结合在一起，已经给许多无法接触信息技术的年轻人提供了帮助。他们所使用的免费软件是由"以马友帮拓"组织③以友帮拓软件为基础开发的，帮助修复捐赠给人道主义协会的旧电脑，尤其是在以马忤斯④——它以低价重

---

① 许多网站为托板改造家具或房屋提供构思或指导：101palletideas.com，1001pallets.com。
② 参见http://youandjerrycan.org/。
③ 参见http://emmabuntus.sourceforge.net/mediawiki/index.php/Emmabuntus:Communityportal/fr。
④ 以马忤斯是一个小村庄，坐落在耶路撒冷的西北。

新出售电脑，以对付数位落差①。"以马友帮拓"还组织了一些安装聚会，获得了巨大成功。

南半球国家从事升级再造开创工作的人数最多：1500万来自信息行业的回收者越来越有组织地展开回收工作。整个非洲有无数微型合作社和个人发挥着自己的聪明才智，从事升级再造，他们将金属、布料、木材、轮胎和塑料改造成日常物品或富有创意的工艺品。巴西也有相同的组织，回收者创建了500多个合作社②，销售以回收材料做成的灯、家具或衣服。在印度，这一具有创造性和社会价值的升级再造活动获得了一批年轻创造者的支持。例如，非盈利组织"斯威治"制造了一些鞋、包、时尚菜肴以及漂亮的装饰品。"阿朗伯"协会用纸板为乡村学校制作了一些精巧的可折叠书桌③。

最后，回收方面也涌现了一些令人振奋的新点子：在拉各斯（尼日利亚），社会企业"我们是回收者"④派遣回收者骑着带拖车的自行车到居民家中进行回收。居民提供可回收垃圾，作为回报，可以获得一些点数，以换取免费的手机通信时长。

---

① 参见埃米莉·马斯曼的《停止废弃！以马友帮拓系统帮助旧电脑重获新生》，《报道之地》，2016年5月28日。"数位落差"是指社会上不同性别、种族、经济、居住环境、阶级背景的人，接近使用数位产品（如电脑或是网络）的机会与能力上的差异。——译注

② 在Youtube上有许多关于这些合作社及其国家网络MNCR（Mncr.org.br）的视频。

③ 视频参见http://www.youtube.com/watch?v=ZPUFpEbkOoc.；关于这一创造性的升级再造潮流，参见贝内迪克特·马尼耶的《印度制造：地球生态环保实验室》，第一对等出版社，2015年。

④ 参见http://wecyclers.com/。

第四节　合作型社会

分享、交换、租赁……

回收和自己动手，不过是大型对等交换经济体系中很小的一部分，而后者已被工业化及新兴国家的民众迅速接受[①]。这一由平台组建的经济体系成分十分复杂[②]，有市民团体、协会、社会团结经济公司（ESS），以及一些刚刚创立的或是已经在股票市场受到重视的跨国公司；人们可以在这些平台上随时交换、出借、租赁或共享物品或服务。由于本书的主题是市民创意，所以我们在

---

① 采用者比率美国为72%的居民，法国为50%的居民。

② 参见法国的Consocollaborative.com或Ouishare.net/fr，美国的Collaborativeconsumption.com，西班牙的Consumocolaborativo.com，巴西的Descolaai.com等。更多的细节，我们参考了相关领域的重要书目，主要是安妮-苏菲·诺韦尔和斯特凡娜·里奥的《联合革命万岁》，选择出版社，2012年；安妮-苏菲·诺韦尔的《分享生活》，选择出版社，2013年；米歇尔·博文斯和让·勒文斯的《拯救世界》，LLL出版社，2015年；魏歇尔和戴安娜·菲利波娃主编的《合作型社会，等级制度的终结》，棋盘出版社，2015年；R. 博茨曼和R. 罗杰斯的《我的就是你的，合作消费的发展》，柯林斯出版社，2011年；马蒂厄·利塔埃尔的《人类合作2.0：改变方向，发展合作经济》（http://www.homo-cooperans.net/）。

这里不浪费篇幅来叙述那些借合作概念来谋取利益的商业平台①，而是关注市民之间以无中介买卖、交换商品（自行车、工具、家用电器②、公寓、办公室、花园……）或相互使用物品为目的而进行的商品和服务交换。简言之，横向交换的主要目的不在利润，而在于对大众的贡献（社会联系、回收、分享……）。

世界上最常用的是用于购买二手商品、找工作或寻找服务的网站，如Craigslist、Gumtree和Krrb（类似Bon Coin的美国网站），还有一些专业性的买卖网站，如Cavientdujardin.com，它帮助人们出售自家菜园的多余产品（在法国，三分之一的居民自己生产蔬果）；澳大利亚也有一家相似的网站，Ripenear.me。此外，人们还可以在法国的邻里分享（Sharevoisins）、慕腾（Mutum），美国的邻里（Neighborgoods）以及其他国家的街道银行（Streetbank）、街道生活（Streetlife）等平台上，相互借用物品（工具、汽车……）。在瑞士，Pumpipumpe网站提供贴纸图案，以便大家能在各自的邮箱上展示出借物品。

免费的以物换物是合作经济中不可忽视的一部分。在荷兰，人们可以在Noppes网站上交换一切商品，类似网站还有英国的Swapcycle和Swapz，美国的Rehash和Swap，西班牙的Truequeweb和Creciclando，法国③的"以物换物联盟"（Comptoir du troc）

---

① 在全球化市场，有1万多家刚起步的或跨国（ebay……）公司，到2025年，它们的销售额将达到3350亿美元。它们在个体之间充当一个强大的中介，将个人数据联系在一起，并使自身利润不再局限于本地，从而走入避税天堂，将合作重新带回商业领域。它们的出现动摇了一些行业：在无数自有资产的帮助下，优步（Uber）促使共享经济下不稳定的后工资制时代来临，爱彼迎（Airbnb）则定位大城市中一部分房地产的永久租赁。

② 如洗衣机和网站http://www.lamachineduvoisin.fr。

③ 网站列表参见http://socialcompare.com/fr/comparison/comparatif-de-sites-de-trocs-d-echanges。

和Nonmarchand.org（它还提供国际免费空间手册），以及全球性的U-exchange.com。我们还可以通过美国的"平装书交换"（PaperBackSwap）或英国的Readitswapit交换书籍。

在法国，Trocalimentaire.com给大家提供了菜园产品交换的平台，Troczone致力于DVD和电子游戏的交换，"种子交换"专营菜园种子，英国的"菜园交换商店"也是如此。世界上还有一些网站，如美国的"分享地球"和法国的"自家种植"，也提供了花园出借和植物交换服务。

在美国，人们甚至可以分享电：Gridmates网站为人们提供平台，向困难的个人或协会赠电。只需确定要提供的千瓦时数，就可以转入受益人账户。

许多平台坚持维护免费拼车，如Freecovoiturage、OpenCar（格勒诺布尔）和Covoiturage-libre.fr（它将共享汽车视为一项公共财富）。此外，比利时Taxistop.be协会还提供了Cambio服务，自愿接送儿童和老人。在美国布法罗、纽约、芝加哥、丹佛等城市，更加实惠的非盈利性拼车服务为贫困居民提供帮助。

在"拱廊城市"（Arcade City）平台，乘客需要为共享旅程支付费用，而数额是由乘客与司机根据区块链[1]准则自行决定的[2]。区块链承载着合作经济的未来：或许有一天，这一管理同等身份之间交换的安全性技术[3]，会使集中性中介（如电子港湾和优

---

[1] 区块链（BlockChain）是比特币技术中的核心部分，其功能类似于账本，记录所有的交易数据。

[2] 参见《拱廊城市，区块链中的优步杀手？》，blockchainfrance.net/2016/03/19/arcade-city-le-uber-killer-de-la-blockchain/。

[3] 主要参见洛朗·勒基安的《区块链解开了合作经济的束缚》，《法国经济论坛报》，2016年5月18日；《正在进行的区块链革命》，《世界报（企业经济版）》，2016年4月19日，以及米歇尔·博文斯的《区块链对话》，http://blogfr.p2pfoundation.net/index.php/2016/06/30/conversation-sur-la-blockchain/。

步）消失，交换的生态系统将由参与者自行管理①。

　　还有一些平台超越了商品交换，重新建立了邻里关系，意大利的"社会街区"就是如此，它由一位博洛尼亚年轻人费代里科·巴斯蒂亚尼创立，最初只是为了替自己的儿子寻找游戏伙伴。他首先在"脸书"上开设了一个群组，随后又在家门口的街边张贴海报，邻居们反响热烈，促使他建立了网站并组织交换。"社会街区"随之遍及整个意大利、西班牙、法国、克罗地亚、新西兰和巴西，帮助建立社区联系、组织集体活动。

---

① 米歇尔·博文斯却对区块链有所保留，尤其是因为他认为"技术专家极权化"可能会影响日常生活，其中一些规则会脱离民主辩论的范畴。参见泽利哈·查芬、雅德·格朗丹·德·雷佩维耶的《区块链革命的希望与混乱》，《世界报（企业经济版）》，2016年4月19日。

用得更少　活得更好

这一庞大的交换体系不仅帮助人们重新思考自己的消费选择，它还告诉人们，在这个充斥着商品的社会中，我们不必再通过购买来满足自己的需求，只需分享和交换就已足够。这或许能为减少消费开辟道路，即使有人会认为，这反而是消费主义的一种扩张形式[1]。

无论如何，其中的确涉及价值观的变化。在工业化国家中，三个世界性危机（社会、经济和气候[2]）的历史相遇导致对消费体系的批判，部分中产阶级接受了建立在更少拥有、更多有机化和地方化基础上的简单生活理念。从20世纪初开始，最先进行这一转型的社会团体，是文化创造族[3]（créatifs culturels[4]），当时，他们仅占工业化国家人口数量

[1] 参见科姆·巴斯坦的《合作消费：消费主义的新时代？》，2016年9月刊于Socialter，以及菲利普·穆阿提的《过度消费的病态社会》，奥迪尔·雅各布出版社，2016年。

[2] 世界人口每年消费了地球所能提供的一半以上资源。如果再没有任何变化，到2030年，将要2个地球才能满足我们的需求（《生机勃勃的地球》报告，世界自然基金会，2012年）。

[3] 文化创造族，即CC族，这个25—70岁年龄层的族群追求的是心灵健康和环境永续，希望自我实现又时刻关注社会整体性和谐，并以自身价值特质衍生新的文化生活方式。——译注

[4] 参见保罗·H.雷、雪莉·露丝·安德森的《文化创造者的诞生：关于社会改变主角的调查》，伊夫·米歇尔出版社，2001年；阿丽亚娜·维塔利斯的《文化创造者：一种新意识的诞生》，伊夫·米歇尔出版社，2016年。

的12%至25%（约5000万美国人以及八九千万欧洲人），如今，毫无疑问，他们的人数大大增长，由他们开启的后物质主义革命也已确立。

在美国，80%的家庭为消费社会的空虚而感到遗憾，70%的家庭认为简单生活①才有意义。约翰·格泽马和迈克尔·德·安东尼奥②发现，通过减少消费，以及回归本地市场、自己动手和互帮互助，一场"去全球化"运动在美国社会中悄然进行。社会学家朱丽叶·肖尔③同样观察到，许多美国人选择一种更为节制、环保的生活，将居住环境与生态材料、可替代能源、食物自主生产和开源技术的应用结合在了一起。这一"圆满经济"将带来一次深刻的、持续性的变化，提出这一理念的是一些受过教育的社会人士，他们深感财富的累积并不会增添快乐，于是接受了6个以"r"开头的单字，即"refuse、reduce、re-use、recycle、repair和rot"④。伴随着这种变化的是大量博客、论坛、网站及杂志，家居清理（decluttering）和极简主义成了其中最热门的话题⑤。

---

① 安德鲁·贝内特、安·奥菲尔：《被消费：重新思考谨慎消费时代的贸易》，帕尔格雷夫·麦克米兰出版公司，2010年（该书以巴西、中国、法国、英国、日本、荷兰、美国七国的研究为基础），www.thenewconsumer.com/study-highlights。

② 约翰·格泽马、迈克尔·德·安东尼奥的《消费转变：后危机时代的价值革命如何改变我们的买卖、生活方式》，乔西-巴斯出版社，2010年。

③ 朱丽叶·肖尔的《真正的财富：过去的经济》，夏尔-利奥波德·马耶尔出版社，2013年。

④ 拒绝、减少、重新利用、回收、修理、制作堆肥。

⑤ 如在日本强调极简主义乐趣的近藤麻理惠，她以自己的名字把整理方法命名为"近藤式"（KonMari）。

　　同样，在日本，有关断舍离（danshari[①]）的书籍销量达百万册。这一极简主义的生活理念备受年轻一代推崇，它受禅宗精华启发，旨在摆脱物质主义。魁北克也是如此："自愿简单化逐渐广为人知，"畅销书《自愿简单化》[②]的作者塞尔·蒙盖总结道。他坐在蒙特利尔家中的壁炉旁，讲述着自己的观察："越来越多的人在想，我不愿像父母一样，进入这个竞争体系，在社会中工作，仅仅是为了挣钱，成为百万富翁。许多人选择为集体工作，或以建设生态社区为目标。他们简化了生活，生活中需要的东西少了，却有了一种更有意义的生活。"换言之，他们珍视存在甚于拥有。

　　在塞尔·蒙盖看来，帕特里克·维夫雷所说的"选择性节制"或许只涉及很少的人，但表明了"社会正在一步步发展，大家开始相互交流。社会变化将通过不同领域之间的相互联系而发生。表面上，什么都不会改变，但里面已经出现了一种集体意识"。

---

① 由dan（拒绝、断）、sha（舍弃）、ri（离开）组成。断：对于那些自己不需要的东西不买、不收；舍：处理掉堆放在家里没用的东西；离：远离物质的诱惑，放弃对物品的执着，让自己处于宽敞舒适、自由自在的空间。

② 2005年由生态社会出版社出版。

修补、旅行、学习：服务交换

合作经济的目的，是扩大公民之间互动的范围，同时减少开支，于是时间银行大获成功[1]：它可以提供消费能力降低后，无法购买的服务——维修、乘车旅行，或是像舞蹈课、按摩这样的小享受。所以，在深受经济危机打击的西班牙，"它自2008年起就不断发展"。马里奥娜·萨勒拉丝说。她是巴塞罗那（在该市和马德里，有很多时间银行）克劳特圣马蒂区时间银行的协调人。

她还说，除免费外，"人们也对其理念、团结互助的价值观感兴趣，这是与金钱逻辑决裂的一个好机会。我们不仅是消费者，首先是公民。时间银行帮助我们脱离消费社会"。它还在社会中发挥作用，关爱没有社保的老人，帮助移民"融入其他居民"当中，加强巴塞罗那市民之间的联系，因为，"如果在我们的社区没有服务需求，我们就到另一个社区中寻找"。

"地方交换系统"（Sel）扮演着类似角色。交换以"时间货币"进行，可以进入社会货币体系，其现实名称依地域不同而变化：在巴黎，它被称为piaf；在美国，则是时间美元（time dollars）。除交换服务外，Sel还致力于加强社会联系，该系统成员在法兰西岛[2]组织了家具、书籍和植物的本地交换市场，在巴黎，地方交换系统还组织了一个合唱团。"Sel之路"[3]则帮助人

---

[1] 我们可以在http://www.bdtonline.org上看到它们的发展。

[2] 参见http://www.intersel-idf.org（site des Selfranciliens）。

[3] 它发行了一本月刊——《路上》（http://route-des-sel.org）。

们交换法国和国外的公寓或别墅，由此促成了富人与失业者，大家庭与独居者等不同阶层之间的交流……"参与群众差异越大，地方交换系统就越丰富"，来自地方交换系统信息促进协会①的多米尼克·多雷指出。

地方交换系统分布在欧洲、非洲、北美、南美及亚洲的40多个国家②。在日本，它被称为"善心券"，是解决老龄化问题必不可少的工具。照顾老人或病人的时间被登记为电子时间分数，每个人都可以在需要的时候使用，或让自己年老的亲人使用③。在这个老龄化的国家当中，它提供了不为公共或私人行业所覆盖的服务。同样，"小时交换"，一个致力于帮助个人、专业人士、地方团体或机构的交换服务协会，也在法兰西岛率先开设家庭看护时间银行，分担照顾老人或病人的责任。

对交换体系促进最大的行业无疑是旅游业，其目的是让旅行少花钱，多参观。Couchsurfing.org④正是如此，它于2003年由一位年轻的波士顿人凯西·芬顿创建，旨在帮助数百万年轻人在世界各地获得免费住宿。"招待俱乐部"（HospitalityClub）、"交换夜"（Nightswapping）、"全球免费留宿"（Globalfreeloaders）、"信任根"（Trustroots）、Trampolinn.com等流通平台也依照了相同的合作原则。Gamping和Campinmygarden更为专业，它们提供平台，帮助野营者在他人花园中搭建帐篷。在Warmshowers.org的帮助下，骑行旅行者还可以在其他自行车爱好者家中留宿。

---

① 参见http://selidaire.org。

② 其世界分布系统参见Lets-linkup.com。

③ Fureai: 友好关系；Kippu: 券。"善心券"由畅明福利基金会所创，并由其管理时间储蓄账户。

④ 自2011年起，Couchsurfing（沙发冲浪）不再是一家非盈利机构，而是一家B.Corp（共益公司），即环境社会责任公司，但金钱交易仍被禁止。

我们只需要登陆Trocmaison.com、Guesttoguest.com、Homeforhome.com、Switchhomes.net、Sepermuta.es及Bewelcome.org等网站，就能与另一个家庭免费交换住所。世界有机农场机会组织①（wwoofing）可以让人通过每天几个小时的工作，换取在100多个国家的有机农场留宿的机会。同样，Workaway、Worldpackers和HelpX等网站也提供平台，让人们通过义务劳动换取国外旅游的机会，Friendshipforce.org则发出邀请，与其他国家的人一同旅行或制订计划（如共享花园）。

"欢迎者们"（Greeters）尝试的是另一种旅行方式，作为城市居民，他们自愿骑自行车或步行带游客观光。1992年，美国妇女林恩·布鲁克斯通过"大苹果迎宾"（Bag②）协会，邀请纽约人以这种方式带领他人参观纽约。此后，"欢迎者们"通过其国际分支机构，在世界上许多国家开展免费参观活动③。在巴黎，大约有300人主动陪同残疾人逛街、参观历史景点或好玩的地方。这是"一项市民活动，但更具分享乐趣，因为许多美好的友谊故事就诞生在散步过程中"，志愿者克洛德·德奥拉说。

---

① 两个国际性系统，参见http://www.wwoof.org。

② 参见http://www.bigapplegreeter.org。

③ 参见http://www.globalgreeternetwork.info。在法国的许多城市和大区，也有这样的活动。

分享知识

这类交换合作系统最早诞生于1971年。"知识相换系统"
（Rers[1]）由女教师克莱尔·赫伯–萨夫林和她的丈夫马克共同发
起，目的是相互学习。该体系提倡大家都能教和学（家装、语
言……），它发挥每个人的知识，包括没有文凭的人。这些建立
在互惠关系上的市民团体表明，"在社会中，并非一切都是商
品"，协调员帕斯卡·查加尼翁指出。相互传授知识的同时，他
们也构建了社会的基础：人力资本、交际关系和团结互助。法国
有数百个Rers，遍布城市、乡村、学校（家长也会参与）和公司
（如法国邮政），足迹还抵达了欧洲、非洲和新西兰。出于相同
的精神，斯特拉·惠特克和奇科·惠特克[2]在巴西的圣保罗创立
了一所相互学习的大学。也有一些交换知识的网站，如西班牙的
Loquo.com和国际性平台Communityexchange.org。

一群纽约年轻人[3]也想相互学习，他们于2010年创建了第一所
"贸易学校"，这是一所自我管理的参与性短期学校，通常设在
公共或联合场所中，人们本着社会分享和融合的精神，在那里分
享知识和爱好，如弹吉他、建立网站或画画。"贸易学校"很快
就从伦敦到胡志明，从洛杉矶到马尼拉，从墨西哥城到都柏林，

---

[1] 参见http://www.rers-asso.org。
[2] 他们也是世界社会论坛（Forum social mondial）的联合创办人。
[3] 尤其是卡罗琳·伍拉德、奥尔·祖巴斯基、里奇·沃茨和露易丝·马，他们是分享网
　　站OurGoods.com的组织者。参见tradeschool.coop。

从雅典到彼得马里茨堡，遍布世界。

在慕课（Massive Open Online Courses, MOOC，大规模开放在线课堂）上，学习并不是相互的，这些数以百万计的网络课程对所有人免费，且几乎涵盖一切：语言、摄影技术、大学课程……这些免费的教育资源具有重要的历史意义，或许可以比肩书籍的传播，它使知识的获取民主化，并在一定程度上消除了教育的不公平。慕课的大学课程拥有数量极其庞大的观众（同一时间有数万名来自各行各业的人观看），但丰富的课程迫使人们不得不做出选择[1]，因为尽管参与者众，但放弃的比率也很高。这一蓬勃发展的行业或许预示着全球性校园的开始，也许将来有一天，它能为发展中国家的乡村学校提供新的工具。

除了"慕课"本身，网上还有各式各样的专业教学视频和教程，数量很多，我们在这里只能举几个例子。首先是可汗学院（Khan Academy）[2]，这一免费平台提供超过36种语言，由曾经在华尔街工作的金融学家萨尔曼·可汗建立，主要教授一些科学学科。人们也可以在网站"多邻国"（Duolingo）上学习语言，该网站目前已有超过1.2亿用户。美国非盈利"国际太阳能组织"[3]免费以英语或西班牙语教授如何实现能源独立。

生态环保方面，印度组织"数字绿色"（Digital Green）为新

---

[1] 我们可以在Mooc-list.com、Coursera.org、FutureLearn、EdX.org（美国学校）、Udacity.com（工程类）、Edraak（阿拉伯语免费课程）、Ecolearning.eu（欧洲门户网站）、Mooc.es（西班牙语门户网站）等国际平台上搜索课程。法国方面，有Mooc-francophone.com、My-mooc.com（可以为课程评分）、Openclassrooms.com和Supnumerique.gouv.fr/pid33135/moocs-calendrier.html。

[2] Khan Academy.org。已有超过8200万人在"知识共享"（Creative Commons）上观看过上面的影片。

[3] 它主要帮助美国的印第安人社区实现能源的自给自足（www.solarenergy.org/native-american-communities）。

兴和发展中国家提供了生态方面的解决途径，其团队现场拍摄影片[1]，把农业生态、健康、营养及微型城市经济方面的做法发布在Youtube上。目前，已有4000多部影片以28种语言发布，观众人数超过66万，遍布印度、埃塞俄比亚、加纳、尼日尔和坦桑尼亚。"40%的农民在看过这些影片的两个月后，将方法用于实践，"创办者里奇·甘地说。作为一名年轻的工程师，他希望"到2020年，帮助数百万农民（其中100万生活在埃塞俄比亚）改善生活"。

出于相同的想法，免费教授专业知识的大学Sikana.tv则借助视频，传播有关食品、永续生活设计、城市农业、音乐、居住环境、体育、健康等方面的实用常识，创办者格雷戈里·弗利波和西蒙·福凯认为，在互联网和合作智能时代，世界各地的每一个人都可以通过获得知识来谋求权利，改变命运，从而体面地生活，分享公共财富（自我管理的住宅、健康的食品等）。

专业性公民社会的时代：合作科学

与那些横向传播知识的活动不同，参与性科学关注的是个人为改善某一领域所做的贡献。在物理、人文和地球科学领域，有一个庞大的合作项目体系，以多种形式展开：向公民派发任务（如为医学研究获取并分析数据）、提高计算能力（借助Boinc[2]计算软件）、建立信息系统、在特定领域寻找解决方案。公民的

---

① Digitalgreen.org。该团队也教农民用摄像机记录自己的解决方法。

② Berkeley Open Infrastructure for Network Computing（伯克利网络计算开放基础设施），Boinc.berkeley.edu；Boinc-af.org。

科学网络，像上述的生物多样性（植物、树木、动物种类）、环境检测（如"红树林观测""淡水观测""地中海海域观察"①）和地震活动观测（Citizenseismology.eu）组织一样，迅速在世界范围内建立起来。

参与性科学离开实验室，走向了实地，如旨在保护魁北克河流的"水黑客"行动②，或是由"国际客观科学"（OSI③）组织的多领域探险：天文、考古、地质、环境、信息技术、太阳能、无人机等。这些由科学家、成年人或是青少年组成的团队，"研究冰岛和日本的地热、摩洛哥绿洲、布列塔尼的海洋生物学、加拿大的鲸鱼和狼、吉尔吉斯斯坦的雪豹"。OSI主席托马斯·埃格利指出。

科学家与公民的合作毫无疑问将科学带入了一个新的发展阶段。"它让欧洲核子研究组织（CERN）、美国国家航空航天局（NASA）、法国国家科学研究院（CNRS）等重点研究所相信，这是一个能够有所收获的方法，尤其是在应用研究的方面，"托马斯·埃格利说。他看到"科研机构联合组成了国际性或大陆性协会"，"一个新的职业由此诞生：公民科学的协调者，研究团队的向导"，不同角色之间合作的"花费并不高，恰恰相反，还能产生集体经济效益"。

---

① 参见http://www.observadoresdelmar.es（巴塞罗那水域科学研究所）。

② 市民、生物学家、生态环保学家和研究者一致认可行动主题（地方污染、濒临危险的生态多样性），一些信息论专家还找到了解决这些问题的方法（http://aquahacking.com/）。

③ 参见http://www.vacances-scientifiques.com或http://www.conges-science-solidaire.com。OSI在联合国经济及社会理事会具有特殊的参考价值。

集体智慧

合作时代最终展现了两种现实：社会能力的提高和集体行动的力量。知识共享的成功正是如此，如维基百科和它的变形：大众百科（Citizendium）、维基词典（Wiktionary）、维基导游（Wikivoyage）、维基学院（Wikiversity）、学术百科（Scholarpedia）、面向孩子的Vikidia和Wikimini，以及公开地图（OpenStreetMap，类似谷歌地图的参与性开源地图）。

技能共享在几年内构成了一个跨越国界、获得公民支持的集体智慧，比如，许多合作型实验室对跨国公司（Corpwatch）、亚洲的服装制造（Sourcemap）、世界的森林状况（Global Forest Watch）进行监测。独立的"碳市场观测"系统（Carbon Market Watch）凭借其分布于68个国家的800所非盈利机构和大学，监测着全球碳市场。同样，法国大众科学协会则负责监管研究行业的职业道德（利益纷争、压力集团），并对转基因和无线电中继器所引发的危机提出警告。

这些措施并不仅限于知识分子和发达国家。在肯尼亚，"基贝拉地图"集体行动表明了参与性地图绘制对贫民区生活的影响。2009年，美国的两个年轻人，埃里卡·哈根和米克尔·马龙（"街道公开地图"的合作者），发现没有一张地图标注过位于内罗毕南部的非洲最大的城市贫民窟基贝拉，因此建议当地居民自行绘制[①]。如今，覆盖了13个贫民窟村庄的地图已被上传至网络，水源、学校、急诊中心、动员（游行、社区会议等）场所均被一一标注[②]。学会运用信息技术后，基贝拉的年轻人开始拍摄视频，创建自己的公民媒体。慢慢地，该贫民窟重新掌握了自身的命运。随后，埃里卡·哈根和米克尔·马龙又发起了"土地真相"运动（Ground Truth），在世界范围内，促使有关团体做出同样的努力：为自己所在的地区绘制地图，组织集体，改善日常生活。

　　还有一些做法也堪称典范。生活在亚马孙丛林的南美马策小部落，绘制了家乡的地图，宣布自己的主权，反对当地的森林和石油资源被开发。居民们还合作编写了第一部印第安医药百科，将传统药方编成索引，以便流传后世，避免生物剽窃，证明了早在制药公司申请专利之前，这些知识就属于当地居民[③]。在印度，3500个公民（学生、教师、语言学家、社会工作者……）实现了一个世界性创举：对本国13亿人口的语言进行全面统计。这部生动的百科全书在两年内完成，并以公开的方式发表。它盘点了780种语言和部落方言，指出，有20种语言在近半个世纪内消失[④]。

　　最后，各种能力之间的互动，表明了集体智慧在关键时刻的作用。2014年，"公开地图"团队为非洲受埃博拉感染的地区绘制地图，帮助医疗队展开救援。在尼泊尔，2015年4月的地震过后，加德满都生活实验室动员了2200多名志愿者在"公开地图"

---

① 参见Mapkibera.org和贝洛的《基贝拉地图，使不可见之地可见》，《世界报》，2015年4月2日。

② 发表在Voiceofkibera.org和Openschoolskenya.org上。

③ 参见非盈利组织Acaté：http://acateamazon.org/field-updates/january-2016-fieldupdate-indigenous-mapping/。

④ 参见http://peopleslinguisticsurvey.org/。

上标注损伤情况，为救援者提供向导。同样，由于公民们传送了实时数据，"见证"平台（Ushahidi）才能在地图上将危急情况标注出来。在遭遇自然灾害和恐怖袭击的时候，分布在多个国家（澳大利亚、美国、加拿大、厄瓜多尔等）的"虚拟行动志愿队"（Vost）和法国Visov①的志愿者都能有效地展开救援活动。

自由社区，开源

公民们之间互帮互助，在20年内构建了一个平行经济。全世界的自由社区几乎将所有的商业服务都带入了免费交换市场，数字经济中造成了巨大的断裂：开发系统（Linux）、办公系统（LibreOffice、OpenOffice）、游览器、搜索引擎、消息传递、文档存储、网站托管和在线支付系统②，通过为刚起步的公司、非盈利性机构和所有公民提供优秀的数字工具，推动了革新。

继软件后，自由社区又投资了硬件：电脑、3D打印机、风车、太阳能电池板、家具（Opendesk）、房屋③（Wikihouse）、汽车（Tabby、Wikispeed），甚至是无人机、卫星和机器人（外科手术机器人Raven）。开源也体现在内容方面——知识、文本、照片、电影或音乐，都可以在"共享知识"上找到。在网络接入

---

① 参见http://vosg.us/active-vosts/; Visov即国际虚拟行动支援志愿者（les Volontair esinternationaux en soutienopérationnelvirtuel）: Visov.org。

② 指示列表参见https://degooglisons-Internet.org/alternatives。

③ 同样参见开放建筑研究所，http://openbuildinginstitute.org/以及有关居住环境一章。

方面，数百家自主管理的非盈利供应商（FAI）能绕过欧洲[①]和美国[②]的大型运营商，信号覆盖被屏蔽的区域。

　　如今，开源世界为人们提供了接触一切、学习一切以及创作一切的平台，它形成了一种政治方案，旨在摆脱商品世界，重新掌握了我们生活中无处不在的机制（如软件），在开放、横向、非集中化的合作中，改革工作和创造方式[③]。该方案取得了巨大成功：它将数字公共财富作为一项世界遗产，吸引了数十亿用户，包括工业界[④]和公共权力机关[⑤]。这是一项不断扩张和发展的遗产，因为开源在所有领域都处于创新的尖端。

---

① 如Franciliens.net、Neutrinet.be和B4RN（由英国兰开夏郡的农民创建）。列表参见www.ffdn.org/fr/membres，地图参见https://db.ffdn.org/。

② 地图参见https://muninetworks.org/communitymap。

③ 参见2009年诺贝尔经济学奖得主埃莉诺·奥斯特罗姆的研究，以及本雅明·科里亚特主编的《回归共有》，LLL出版社，2015年。

④ 在工业方面，开源模型能帮助人们创造价值、分配技能和成本。特斯拉汽车公司的领导者伊隆·马斯克放弃了自己的专利技术，让竞争和社会去改进电动汽车技术——显然，特斯拉也会从改良中获益。此外，许多大型公司（Virgin、Amazon、eBay、IBM……）和股票市场（伦敦、芝加哥……）也使用了Linux。

⑤ 在美国，许多公共行业，甚至是敏感场所（白宫、五角大楼、联邦民航局……），都转而使用Linux系统，NASA国际空间站也是如此。世界上的许多城市（慕尼黑、墨西哥……）以及法国的一些部门、国会和国家宪兵也同样。此外，"公共财产城市"网络（Villes.bienscommuns.org）促进了开源项目的实施：软件、教育资源、免费种子等。

创客一代

让技术回归集体，为新模式服务，这也是"fab-lab"[1]精神的核心。在"一起做"的空间内，人们可以借助软件、机器工具和3D打印机构造任何类型的物体、生产零件、修复一切（与注定的废弃做斗争），或想象所有开源材料的原型。从布朗克斯的第一家地方实验站起步，fab-lab如今已遍布世界各地[2]，并由此诞生了一个不断发展的天地：创客空间、骇客空间、生活实验室、开放修理营[3]和其他集体修理工作室，还有黑客松[4]，即黑客日或黑客节。在这些日子里，黑客们一起思考技术解决方案，以加速创新。与现行标准化生产模式相反，"make"到处都像一个具有无限创造性的集体进程，在自主、分散的工作室中，具有构想一切、制造一切的可能性。

创客的世界，集大众创新的所有特征于一身。事实上，它位于许多与主流经济逻辑相悖的文化交汇处：合作精神、黑客特质（创造性、开放数据、为改善社会环境寻找解决方法）、以DIY为基础替代原先的方式、非消费主义和横向合作。同时，它寄希望于集体智慧，将许多种角色联系在一起（怪才、修理工、工程

---

① 微观装配实验室。——译注

② 其世界分布地图参见http://www.fablabs.io/map。

③ 在法国，参见http://openbidouille.net/。

④ 即编程马拉松（hackathon），又称黑客日（hack day）、黑客节（hackfest）或编程节（codefest），是一个流传于黑客（hacker）当中的新词汇。——译注

师、艺术家），并将高科技与低技术相结合，还赋予创新本身和社会用途以同样的重要性。

"制造生活"（Fab Life）已经缩小了许多领域的界限，如工作、健康和居住环境。巴塞罗那的高级建筑研究所，是一个以新的方式构思城市的先锋机构，其属下的fab-lab建造了一个fab-lab住房，即太阳能木质房屋，成了生态建筑的模范。同样，由5000多个志愿者组成的强大的e-Nable系统构思并3D打印了一些假手，其造价是传统设备的千分之一。3D打印还通过制造机体（肌肉、人造软骨、骨头、皮肤）和由大脑控制的躯干，改革了身体的修复。

在发展中国家，fab-lab也是"授权"机构，帮助减少数位落差、促进集体创新，而且也是一个创业孵化器[1]。非洲和亚洲与其他大陆不同，它们懂得构建创客网络，将新技术和农民、手工业者的实践知识结合在一起[2]，以制造有用的物品：低技术含量的农具、医药革新、用回收配件组装的3D打印机和电脑、流动太阳能装置、农产品移动贸易的方式等。

短短几年时间，fab-lab的理念便使社会进入了一个全新的"动手时代"——这也是社会学家米歇尔·拉勒芒的一部书的书名，他在书中描述了那些"自主领域，人们在其中以另一种方式创新、生产、合作、决定，并塑造自己的个性和命运"[3]。将来，fab-lab和别的集体工作室将使大家都能生产自己所需的物品，成

---

[1] 肯尼亚的Ihub、阿比让的Ovillage、加纳的Mest和HubAccra、埃及的Nahdet ElMahrousa等。

[2] 非洲方面，参见AfriLabs系统；印度方面，参见贝内迪克特·马尼耶的《印度制造》，同前。

[3] 《动手时代》，瑟伊出版社，2015年。该书以旧金山的一家骇客空间，Noisebridge，为研究对象。

本低廉，而且可以分享。该领域的一位分析员克里斯·安德森从中发现一场新的工业革命即将拉开，它将抛弃大规模的生产和消费，改变生产组织方式和社会生活①。

目前，黑客和fab-lab还没有动摇经济体系，但它们标志着一个新时代的来临②：fab-lab的集体思考正在普及，不分等级的分散合作，将使物品和服务得到永久的改善。米歇尔·拉勒芒发现，生产将发生重大变化，他认为fab-lab将影响我们的社会，因为"乌托邦式的社区并不是现实主义海洋中幻想出来的孤岛，它们知道要去动摇周围的世界，穿插在其中"。

此外，fab-lab也带来了新的活力，如"制造城"（Fab Cities），将来在这些城市中，每个中学都会教授数字制造，每栋建筑物都有自己的工作室，找到解决本地问题的方法。社区自主管理的微型工厂将生产符合市民需求的商品，提供相应的服务，实验室将系统连接，共同改善城市生活的某些方面：污染、公共服务、绿色空间、人才流动、智能电网、食物供给等。这些共同重创城市的新方法不管名称如何（分享城市、贡献城市、合作或适应性城市），通过平等的技能分享和开源模型的运用，技术的民主拥有终将会实现③。致力于成为"制造城"的巴塞罗那，已经创建了一些公共服务方面的fab-lab，还有几十家私人或集体拥有的实验室④。

---

① 克里斯·安德森的《创造者：新的工业革命》，皮尔逊出版社，2012年。
② 尽管它所带来的结果具有争议，尤其是因为3D打印技术会让危险器械（包括武器）的分散制造成为可能。
③ 参见尤恩·沙德罗内的《智慧城市的完成》，Makery，2016年9月20日。
④ 参见2014年巴塞罗那Fab10会议的成果，以及拉斐尔·贝松的《制作城市巴塞罗那，城市法律的改造》，Urbanews，2015年3月10日。

分享工作

　　与fab-lab精神密不可分的共享办公（coworking）空间也在飞速发展①，形成大陆机构（如"欧洲共享办公"）或国际连锁，如集联合办公、共同生活、骇客空间和fab-lab为一体的全球性组织——Copass。诞生在法国②的第三空间Numa则致力于数字创新，它将共享办公与创业孵化器相结合，如今已发展至巴塞罗那、卡萨布兰卡、莫斯科、班加罗尔和墨西哥。除了商业空间，还有许多其他共享办公空间由协会统一管理，如里尔市的"里尔共享办公"（Coworkinglille），它帮助一家fab-lab和一个创客空间实现了共享办公；也有一些是合作形式，如魁北克的Koala和蒙特利尔的Ecto，共享办公者都是相关的成员。

　　大家都成为这种创新活动中的一员，它能让每个人（流动工作者、远程工作人员、个体经营者）交换工具、共同思考计划、发展公共体系。其中的大部分人都欢迎来自同一行业（建筑、新技术、合作经济）或拥有共同愿景（社会经济企业、生态环保协会、新闻媒体等）的专业人员。尤其是"蜂巢"，它欢迎年轻的企业为法国众多城市（蒙特勒伊、马赛、巴黎……）带去解决

① 2015年，共有50万人在近8000个联合办公空间中工作。根据2015年至2016年全球联合办公调查显示，空间数量以每年36%的速度在增长。

② 法国联合办公地图参见coworking-carte.fr。至2016年，法国此类空间数量超过350个。

生态环保和社会问题的方法。西雅图的一家共享办公的B-Corp^①（Impact Hubest）则为其他B-Corp提供办公场地。在非洲法语区，Jokkolabs协会伴随一些年轻的社会从业者寻找解决健康、农业、教育问题的方法。

　　显然，共享办公将在之后几年持续发展，因为它伴随着一个日益严重的现象：工作的消失。事实上，在工业化国家当中，自由职业者的状况变化最快^②；共享办公采取新的工作方式，不分阶层，联合办公，个体的技能得到发挥，避免了孤立。在柏林，Agora Collective吸引了来自全国各地的艺术家在其创意工坊内工作。在荷兰，2005年诞生于乌得勒支市的Seats2Meet建立了一个全球性共享办公空间系统，数万名独立工作者在其中相互交流。

第五节　走向新的生态系统

　　一个合格的创新社会每天都在创造新的生活方式，而我们很难为它们都下一个最终结论。它们无疑反映了个人主义有所衰退，归属感加强，觉得自己属于一个非正式的大群体。群体中的成员或许来自同一座城市，或许住在相隔万里的不同国家，大家在新的部落中相遇，这个部落可能是消费系统（合作社或

① B-Corp（共益实验室）是由非盈利组织B Lab根据社会和环境方面参与程度的选择标准，在美国颁发的认可标签。

② 在美国，34%的劳动人口是独立工作者，到2020年，他们的数量将超过领取工资的人数。

Amap），也可能是产品、商品、知识交换系统（微观装配实验室、黑客松），抑或是相互交换知识的系统（大众科学、维基……）。生活从此由许多方面合作而成：我们将同时是农业支持协会、fab-lab和拼车网站的成员，在网络上交换商品，在借的房子中"慢旅行"，度过自己的假期。

这些新办法在使用上会产生矛盾，这是因为它们一部分倡导放慢速度（"慢"精神、农业支持协会、减少消费），另一部分则提倡加速（开源创新、黑客松、fab-lab），但它们都具有相同的"全球本地化"（glocal）精神，既重视地方经济，又强调公民对世界共同体的归属感，最终会导致金字塔模型的衰亡，由此产生一个用"一起做"取代竞争的社会。

专家米歇尔·博文斯认为，重新掌握技术和产品流通，以及对它们的合作使用，产生了一种"后资本主义经济"，这种经济对"工作、知识和金融支持"进行了重新分配。一种新的政治组织形式，一种市民"通过相互关联的自主系统，自己管理社会生活与生产"的"非代表制民主"[1]也由此产生。这是一个有助于共同生产的模式：社会关系、共享时间、开源技术、知识共享、有利于集体化的行动（回收、有机农业……）[2]。

从小处着手，这些新的方式创造了一个崭新的社会，它通过共同管理的横向公民生态系统进行运作。随着数百万智能生态系统和全球合作经济体系之间的进一步联合，或许有一天，这种多样而灵活的管理模式，会在全球范围内带来更大的变化。

---

① 米歇尔·博文斯、让·勒文斯的《拯救世界》，同前。也可以参见P2P基金会的工作。
② 参见本雅明·科里亚特主编的《回归共有》，同前。

第四章
建立可持续性农业

大规模生产发展到一定程度将摧毁社会。

——伊万·伊利奇,《社交》

一个文明,如果无法解决自身运作所产生的问题,它就是衰败的。

——艾梅·塞泽尔,《关于殖民主义的演讲》,

《非洲身影》,1955年

第一节　土地共同管理

20世纪60年代,美国两位人权斗士——罗伯特·斯旺和斯莱特·金(马丁·路德·金的侄子),提出要帮助该国贫困的非裔农民购买土地。他们回想起来,在北美印第安人、墨西哥阿兹台克人等一些传统社会当中,有过一种公民土地共享系统,用来共享农业资源。受此启发,他们创建了一个非盈利性法律机构——

社区土地信托（CLT），帮助群体居民购买土地，共同享有[1]。

　　在社区土地信托中，人们将土地视为公共财产，共同管理，并实行民主决策。美国第一家CLT于1969年在奥尔巴尼市（乔治亚州）成立，自此，该市建立起了许多以纽约附近的"和平工作"有机农场为模版的居民共有农场[2]。在英国，最具象征性的当属由夏洛特和本·霍林斯开发的Fordhall农场。这块土地自1929年起就属于这两位年轻人的家族，直至2004年被售卖。为了拯救农场，他们不得不考虑购回，但由于资金不足，他们决定向公众发起号召，以每人50英镑为底价共同购买。结果，数千人参与其中：邻居、当地企业以及来自全国各地的陌生人，包括教师、退休者、伦敦市民和生态学家，歌手斯汀还买了2000英镑的股份。这家农场最终由7500多名居民共同所有。如今，它发展迅速，拥有一家茶室和数个儿童工作室，并通过网络或现场直销其绿色产品。[3]

　　目前，英国共有几十家此类共有机构[4]。它们振兴了部分农业系统，并直接影响居民的食品生产。该机构的联合股东并不享有金钱收益，而是通过投资农场，尤其是有机农场，实现其产品的短距离销售。

---

① 罗伯特·斯旺和斯莱特·金还受到了由甘地学生维诺巴·巴韦于1951年发起的社区土地重新分配运动的启发。该运动名为"Bhoodan"（捐地运动），后又改为"Gramdan"（捐村运动），因为至少有75%的农民捐出了自己的土地，以建立公共土地财产，平均分给大家。在这场运动中，数千公顷土地被重新分配。参见《捐地运动50年：总结》（www.mkgandhi-sarvodaya.org/bhoodan.htm）。非政府组织拉菲蒂（Lafti）将这项工作延续了下去。

② 主要参见http://www.rodaleinstitute.org/2005128/henderson。

③ 参见http://www.fordhallfarm.com。

④ 参见http://www.soilassociation.org/communitysupportedagriculture/casestudies。CLT可以在任何时候向其他居民或地方团体开放资本：这种扩张伴随着税收的减免，能帮助巩固其体系。

团结储蓄，保障农业发展

　　法国的"联系之地"[1]也是如此。2003年，出于支持农业受创地区的想法，法国国立农学院毕业生热罗姆·德科南创立了该组织。在法国，其实每周有200多个农场停止运作，2000年至2010年的10年间，四分之一的农场开发项目消失。许多农民在过低售价和过高成本的两面夹击下败下阵来。

　　"联系之地"通过聚集个人储蓄来支持农场发展。具体来说，人们可以购买价值100欧以上的股票，选择投资本地或法国其他地区的农场，再由"联系之地"去购买土地，安排年轻的农民（银行常常拒绝为他们放贷）种植绿色蔬菜，恢复生态。头两年，它就聚集了来自全国各地超过70万欧的市民储蓄，而那时，这项运动远没有普及[2]。其成功的关键在于"土地投资仍被视为一项稳健的投资"，并且，该组织的协调员韦罗妮克·里乌福尔解释说，"联系之地"支持"能够流传后世的可持续性项目的发展"。此外，获得帮助的农场也想拉近与民众之间的距离，因而通常进行直销。"我们就这样对用地产生主导作用，许多市民都想参与其中。"不仅是市民，还有一些机构也想加入：地方水务机构"越来越希望'联系之地'更好地去治理农业用水"。一些

----

① 参见http://www.terredeliens.org。该组织由三个部分组成：协会本身，一家负责购买和转移土地的土地公司以及一个接受现金或实物（土地或农场）捐赠的基金会。

② 2016年，其土地公司共有4800万欧元资金。"联系之地"共管理了122家农场，并将3000公顷土地改造成有机种植。参见http://www.terredeliens.org。

团体为了保证当地农村的活力，主动为他们提供公共土地建立农场。这些都与"联系之地"的目标相吻合，即"加强城市绿色地带，控制城市化扩张"。

由居民共同管理的食品加工业

德国第一家社区土地信托是由弗赖堡附近，艾希施泰滕市的一位有机种植者创立的①。2006年，因银行拒绝借贷，农场无法扩大，克里斯蒂安·希斯便设想与一帮朋友建立一家影子银行。他们创立了一家股份制民营公司RWAG（区域价值股份公司），面向当地所有市民开放资本。刚开始只有20人参与：如今，RWAG的投资人已达数百，独立拥有8公顷土地，并在当地的其他土地拥有股份。

克里斯蒂安·希斯并没有止步于此。依据共同管理的原则，他建立了一整套从农场到餐桌的有机食品产业链，其中包括16家地方企业，雇佣人数超过200人：一些生产蔬果、肉类和奶酪的农场，一家酿酒厂，一家采用农场产品的有机餐饮店，一个批发商，三家有机超市，并配备送货上门的服务（350个家庭订购了有机菜篮服务）。这一完整的产业链有利于协调各方职能：农场生产的蔬菜被用于喂养临近牧区的动物，后者反过来为前者的种植提供肥料，如此往复。

---

① 感谢彼得·福尔茨允许我在他的文章（《区域价值股份公司，通过市民参与创建可持续性地区组织》，《宇航员》，2011年7月）中选用部分资料。

　　RWAG的股东每年都会收到一份包含64条标准的运营报告，其中涉及营业额、对土壤影响的限度、合理利用资源和员工的收入水平。"克里斯蒂安·希斯带来了一种新的经济概念：收益不再仅仅局限于金钱，还体现在社会和生态方面。"该产业研究中心主任彼得·福尔茨总结道。

　　在这些土地公司的帮助下，民众得以再次拥有一块完整的土地，重新掌握这片土地的经济、雇佣状况及食品质量，即整个地区的未来[1]。韦罗妮克·里乌福尔指出，社区土地信托"不仅是一种金融手段，也是一种社会力量，一种影响消费、储蓄、当地生活和景色的集体投资行为……一切都互相关联"。共有土地促进人们的思想进步，让人们相信土地是一种公共财产，社会对其变化拥有话语权。如今，这种模式还被逐渐推广到了英国、法国、德国和立陶宛[2]。

　　社区土地信托还有其他作用：共同建造住所、开放花园、共享绿色空间、企业联合办公……人们还可以通过它来购买整片地区，如位于苏格兰海域赫布里底群岛中的吉厄岛，该岛居民曾在2002年以这种方式重新购回了土地。成为岛屿的共同所有人之后，居民们实行了一种全新的发展政策：他们首先发布了一项价格适中的住房规划，调整可耕种土地面积，鼓励开发环保农业及旅游业，还建造了苏格兰第一所合作型风电场[3]——当地居民不仅可以因此获得所需电力，还能将多余部分出售给国家，以增加收

---

[1] 克里斯蒂安·希斯和热罗姆·德科南还荣获了"益创家"称号——该奖项为奖励社会企业家而设立；"联系之地"因其团结募集资金而获得了2011年度《世界报》-费南索尔（Le Monde-Finansol）"大奖（该奖项由《世界报》和金融储蓄团结协会Finansol联合颁发）。

[2] 参见http://www.vivasol.lt/。

[3] 参见http://www.gigha.org.uk。

入。在这项集体管理措施的推动下，吉厄岛人口流失及经济衰落的现象在几年内得到了有效控制。这一成功也印证了诺贝尔经济学奖得主埃莉诺·奥斯特罗姆的理论：当一个群体掌握一项公共财产的管理权时，他们最终能比私人企业或公共组织更好地管理这项财产，因为他们是为了大家的利益在管理。

如果我们想知道农业用地是否能以公众利益为考量得到共同管理，那就应该去印度转转，去看看位于该国中部的一个村镇。

第二节 消除饥饿：钱德拉玛的故事

钱德拉玛邀我一同坐在村广场一棵大树下的石板凳上。这位结实的农妇，皮肤被太阳晒得黝黑，戴着一对漂亮的金耳环，目光机灵，声音洪亮。她用家乡的语言——泰卢固语，向我讲述了她的故事，这个故事与她生活的梅德格县关系密切。

15岁嫁人后，钱德拉玛就和丈夫一直生活在比达坎内村，在家附近的土地上务农。但1980年的粮食灾难不仅使农民们颗粒无收，甚至连来年用的种子都没有了。饥荒爆发。许多家庭每天只能吃一顿饭，不得不接受政府的援助，得到几袋米和一些谷物种子。从第一年起，杂乱的食物就引发了大面积的过敏，儿童成了主要的受害者。"我们不得不停吃那些食物，但我们的身体要许多年才能康复。"钱德拉玛说。整个村庄一片愁云。5年内，村民们仅靠着政府定期送来的米过活，无法再播种土地。"我们停止了生产，只等救济。"她回忆道。

1985年，海得拉巴的一个非政府组织——"德干半岛发展协会"（DDS）来到该村，将村民们聚集在村广场上，了解他们的需求。最初，只有一些男性参加了会议。"但我们很快便发现，他们的发展观与我们不同，"该组织的领导者皮里耶帕特纳·V. 萨迪斯说，"他们目光短浅，只想快点挣钱，有些人只想着和朋友喝酒。"该组织的成员随后向一直没有露面的女性征询意见。一切从这里开始发生转变。"村里的女性清楚地知道应该做什么。她们积极、有想法，想努力工作，也有长远的打算。最后，我们干脆召开了一些仅有女性参加的会议。"萨迪斯笑着说道。

任务十分繁重，该县的落后涉及社会、经济、生态三个方面，农田停止耕种，到处饥荒，让人觉得无能为力。这些女性曾想努力改变这种状况，却因诸多原因被无视：她们是男性世界中的女性；她们贫穷，出身于低种姓家庭，有些女性甚至因为没有土地而受到排斥。

但如今，她们行动了起来。首要任务是重新实现粮食自给自足，帮助家庭脱离公共援助。"我去找了母亲那边的亲戚，他们也是农民，我请求他们借我一些种子，"钱德拉玛说，"他们还有一些传统的种子，在这个地区已经种植了好几代。我请他们借一些给我，并承诺收获后再将种子还给他们。由此，我产生了一个想法：建立一个种子银行系统，为人们借还种子提供平台。"

这些女性还意识到当地土壤贫瘠、土地分配不均，因此想完成一件不可能的事：土地改革。她们清点了所有可用的土地（空地、穷人贫瘠的土地……），尽可能让更多的土地恢复耕种。她们还深入推动了民主化进程，将民众聚集在村广场，用粉笔在地上画了一幅巨大的彩色拼图：这是统计村庄周边土地的地籍簿，然后把这些土地平均分给大家。低种姓者与高种姓者分得的土地面积相当，没有土地或土地贫瘠的家庭分得了良田。村广场变成政治集会地点，分享共同利益落到了实处。

土地分配完成后，她们以同样的方式发放从当地农民那里借来的种子。随后，家家户户卷起袖子，一同干活：大家主动为附近没有成年子嗣的农民耕作，参加会议的妇女们很快就超越了种姓差异，组建队伍去帮助"贱民"①安装雨水收集装置，以获得干净的水源，开垦土地。"我个人借给了他们一些种子，并时刻关注他们耕作的进展。"钱德拉玛说，她反对低种姓受到不公正的对待。

不到半年，村民们共同努力，开垦了数千公顷荒原，并施以有机肥料，播下了种子。随后，正如萨迪斯所言，"多亏做了这些事，农田恢复生机，从过去的每英亩产粮30至50公斤提升到300至500公斤（根据种类不同而变化）。第一季就产出800吨谷物，能在6个月内为每个家庭提供1000顿饭。"

一年两收，该县在3年内就已完全恢复粮食自给自足，拯救了20多万饥民。这次复兴不仅归功于村民们为土地自然再生所做的努力，也因为他们放弃了现代育种，转而选用适应当地半干旱气候的传统种子。"这些历经数百年、坚强地存活下来的种子，只需很少的水就能带来丰盛的收成。三天的雨水就能让它们发芽，不需要肥料或杀虫剂，不需要灌溉。"萨迪斯说。此外，6000头家畜也为土地再生提供了免费肥料。"通过这种方式，我们不仅能种植作物，还能改善土壤品质，耕地面积因此不断扩大。"萨迪斯又说。

该县走出了原先的破败，迎来了一片欣欣向荣的景象。民众大多实现了自给自足，还能在海得拉巴的有机市场里售卖自己的

---

① 又被称作达利特人或"不可接触的人"，由于身份不洁，他们只能饮用用过的水。——译注

剩余农产品，到处郁郁葱葱，5000多家有机农场生产绿色蔬菜、豆类、油籽和谷物。他们的优势作物是小米，其蛋白质含量高于大米。此类多种农作物共同种植的方式有赖于自然内部的相互协调，有些植物能使土壤肥沃或是为临近植物驱虫。妇女们还栽种了数千棵树苗，其中包括椰子、香蕉、芒果、刺果番荔枝等果树，为村民们提供多种富含维生素的新鲜食物：我在那里与当地居民分享了素食"大浅盘"①，其味之美，我从未在印度任何一个地方品尝过。

食物品质的提升迅速改善了民众的健康状况。"县里的人几乎都不用再看医生了。"钱德拉玛笑着说。同时，生物多样性的恢复也有助于重建当地的天然药典：她拿出一个盛有亚麻籽粉的小罐子，告诉我说，这是当地人用来治疗"患有心脏病的人"的。这些未受过教育的村民尽管从未听闻Omega-3，却知道亚麻籽（富含该物质）有益健康。

为全世界提供粮食

这些妇女以种子银行为平台，通过合作的模式，重新建立了一个巨大的本地种子库：她们互相借用自己缺少的种类，收成后，再以借用数量的1.5至2倍归还，同时留下自己来年需要的种子。这些交换不涉及金钱，均以实物形式进行："在这里，人与土地之间的关系极为密切。他们认为种子是大自然的馈赠，只能

----

① 大浅盘，印度装有所有餐点的大盘子。

被分享，不应被售卖。"钱德拉玛解释道。"数百种秧苗和种子
（其中包括20种多小米以及30多种杜果树）让这些妇女成了生物
多样性的保管者。种子银行其实就是基因银行，储存着当地的自
然基因财富。"萨迪斯说。集体库存随收成而增加，在以后的许
多年里，让村民们的粮食独立有了保障[1]。

　　在帮助这片人口极其密集的地区恢复粮食自给自足的同时，
当地农妇还以实际行动证明，联合国所说的农业"生态集约化"
是能为所有的人提供粮食的。在一个题为《在太晚之前醒来》的
报告中，联合国贸易和发展会议号召人们放弃单一工业化种植，
发展本地化、有机生产并对此进行革新[2]。20多名来自世界各地的
独立专家也得出了同样的结论，认为只有多样化的农业生态系统
才能为全世界提供足够的粮食[3]。

　　事实上，适应气候的本地育种、多种作物轮种、植物与树木
之间的相互协调以及富有生机的大地，这些因素在确保民众粮食
自给自足的同时，也帮助恢复了生态系统，为可持续农业的发展
提供了保障。"我或许没什么文化，"钱德拉玛露出一丝笑容，
"但我敢向所有科学家发出挑战，向他们证明，我用不花钱的天
然肥料和本地育种生产出来的粮食，比任何昂贵的现代育种法培

---

① 种子能在由泥土、灰尘和楝叶（楝树，具有天然农药作用的树木）混合而成的物质
中保存许多年。

② 《在太晚之前醒来：面对气候变化，实现农业真正可持续化并确保食品安全》，
2013年（http://unctad.org/en/pages/PublicationWebflyer.aspx?publicationid=666）。
同时参见奥利维耶·德许特：《农业生态与食物权》，这是食物权特别报告员于
2011年发布的报告（http://www.srfood.org/fr/rapport-agroecologie-et-droit-a-l-
alimentation）。

③ 《从统一到多样：从工业化农业到多样化农业生态系统的范式转变》，可持续粮食
系统国际专家小组（http://www.ipes-food.org/images/Reports/UniformityToDi
versityFullReport.pdf）。

育的粮食都要好。我还要证明，化学产品会破坏土壤，而我们的
产品则会让土壤更加肥沃。"这一革新对地球来说至关重要：据
国际粮农组织统计，随着耕地面积的显著减少，世界各地的收成
或维持不变或正在降低。为此，这一隶属联合国的机构号召人们
改变农耕技术，促进土壤更新，否则，世界人口的温饱将再度成
为一个难题①。

　　钱德拉玛和村庄的命运一同被改变了：丰收不仅为她带来了
10公顷土地与一些家畜，还让她搬入新居，更在帕斯塔普村附近
开了一家餐馆，使用自家农场生产的新鲜食物。"医生们都来这
儿吃饭，他们说这里的食物更有益健康。"她开心地说。她还将
前往国外，到斯里兰卡、孟加拉、德国和加拿大分享自己振兴农
业的经验。同时，"德干半岛发展协会"还在那里培训了200万印
度农民，被派往包括非洲在内的多个大陆②。"光说可能有另一个
世界，这还不够，还要证明它是存在的。"萨迪斯总结道。

---

① 国际粮农组织在报告《世界土壤资源状况》（2015年12月）中指出，工业化农业对
　土壤深层的碳、营养物、水及生物多样性造成了严重危害。此外，每年有9万公顷土
　壤表层被侵蚀，造成250至400亿吨土壤流失，年均谷物损失量达760万吨。如果不
　采取行动，到2050年，全球将会损失超过2.53亿吨谷物，世界粮食库存将因此陷
　入危机。因此，我们要立即种植树木，保护并更新土壤。
② 它们均处于食物主权联盟（Alliance for Food Sovereignty）内部，该联盟由这些
　大陆的地方组织组成（http://www.usfoodsovereignyalliance.org; www.foodsov.
　org; www.africanbiodiversity.org）。

一种解放模式

梅德格县的农妇们也违反了社会秩序，让妇女们合法地拥有农业知识，重新获得了经营土地的权利。但她们还要走得更远：当地农村自此全由妇女们自主管理，这在印度是独一无二的。每周，5000多名经选拔产生的女性聚集在一起参与村中的集会①，就公众利益进行民主决策。她们开放了25家教育幼儿园、创立成人夜校，并组织了5000多个女性自助小组。她们禁用塑料，重新种植黄麻，制造可降解塑料袋，并遍访各村，向农民们解释本地育种的优势；在学校开设有关食物自给的课程；拍摄反对转基因的影片，还于2008年创立公共电台（"集会电台"），构建参与性知识体系：它为民众提供平台，交流农业、健康和环境方面的信息。

民众当家做主、自行决定，成效卓著，这显然让当地政治家们无所适从。"对于我们在农业上取得的成果，他们自然高兴，但并非真心支持集会，因为他们认为自己被剥夺了权力：民众不再需要他们，不再要求建造灌溉的水渠，也不再要求补助，什么都不需要了。政治家失去了在村里扮演大善人的机会。"萨迪斯笑着解释说。在掌握地方主权②的同时，梅德格县还证明，

---

① 当中选举出代表，每个月参加县里的总集会，就村民争论的问题提交报告。

② 这里的主权与甘地所提出的理想化标准类似，它由三个概念，即三个"S"组成：gram Swaraj，民众自主管理村庄能够使国家成为一个民主参与的"村庄共和国"；Swadeshi，地方经济自给自足；Sarvodaya，前两条原则所带来的集体福利。

民众能比上面来的政策更有效地管理自身利益。萨迪斯最后总结
道：“民众在考虑自身福祉的基础上自行管理，社会经济才能发
展。”

模式比对

人们当然可以提出异议，认为这一农业模式已经过时，并
反复强调只有密集型、机械化农业才是对抗农村贫穷与饥饿的良
方。不过，最好还是先等等：一同去了解在这两种模式共存的印
度，它们产生的效果如何。

采用工业化农业的首要理由，是肥料能够增加收成。印度
的旁遮普邦位于工业化农业“绿色革命”的中心，为国家提供了
20%的小麦和15%的大米[1]，但农药和肥料用量在50年内增加了7
倍，大量的灌溉用水也使含水层几乎干涸[2]。民众为密集型农业所
付出的代价可见一斑，它不仅对环境危害巨大，也损害了居民的
健康[3]。

实行工业化措施后，农业收成及其相关收入在第一时间得到
提升，但从20世纪90年代开始却停滞不前，这是因为土壤完全被
破坏了[4]。土壤的贫瘠迫使农民施加更多的肥料以增加收成，而
虫类抗药性的加强也使人们愈加依附化学药剂。投入成本不断增

---

① 米拉·甘达的《夜晚发生的爆炸性事件》，《石板》，2008年8月4日。
② 巴斯卡尔·戈斯瓦米的《绿色革命的疤痕》《印度在一起》，2011年2月2日。
③ 旁遮普邦的患癌率居印度首位，那里有一条“癌症带”，其不孕不育率也在显著上升。
④ 当地农业增长率从20世纪80年代的年均5%降至21世纪初的1.9%。参见注②。

加，农民们因此"深陷负面经济的泥淖"，债务增长速度比收入提高得还快，范达娜·席娃[1]说。1960年至2009年间，旁遮普邦的小麦产量增长了1.5倍，但农民的债务却在更短的时间内（1997至2008）增加了4倍[2]。由于在贫瘠的土地上现代播种方式不能确保收成，一次歉收就足以使农民倾家荡产，让他们不得不卖田卖地。20年里，2000万印度农民涌向城市，其中至少有30万人因无法负担债务自杀[3]。在自杀率很高的特仑甘纳邦，只有梅德格县"幸免于难"，据萨迪斯观察：那里的农民没有任何债务，因为他们不需要前期投入。而且，由于他们自给自足，收入不会随农产品价格的波动而变化。

另一种常见的说法是，工业化农业和自由贸易是解决全球粮食问题的唯一方法。自由贸易让各大单一种植区（其品种由生物科技公司负责）相互竞争，随后将作物从一个大陆转运至另一个大陆，使地球上大部分地区都依附于这一进出口模式[4]。然而，许多地区早在过去就因自身丰富多样的食品生产，实现了自给自足。萨迪斯说，在旁遮普邦，"农民们曾通过种植玉米、小米和其他谷物，还有豆类和油菜，实现了粮食自足。20世纪60年代，当地还有100多种不同的育种方式，但由于单一种植模式的普及，一切都消失了：它破坏了农民赖以生存的生物多样性，从而导致

---

[1] 范达娜·席娃的《经过设计的饥饿》，《德干纪事》，2011年3月3日（www.deccanchronicle.com/dc-comment/hunger-design-175）。

[2] 斯瓦尔林·考尔：《旁遮普邦农场债务增加了四倍》，《金融快报》，2010年1月4日（www.financialexpress.com/news/fivefold-raise-infarm-debt-in-punjab/562817/0）。

[3] 农村债务过大问题常常出现在许多南部地区。小农户无法从银行借贷，因而不得不求助于利息极高的地方高利贷。

[4] 进出口贸易与石油息息相关。这些运输链一旦断裂，没有几个国家拥有超过几周的粮食储存。

悲剧的发生"。结果，在这个被称为印度"小麦粮仓"的地方，现在有五分之一的成年人营养不良。

农产品进口对南半球的农业造成了冲击，当地农民收入减少，他们购买的粮食价格却在上涨。在生产粮食的农村地区，贫困状况逐步加剧。所以，"在印度，乃至全世界，遭受饥饿折磨的十亿人群中，有一半是农民"。范达娜·席娃说[1]。工业化农业和自由贸易主义不仅无法为全球人口提供足够的粮食，还使相当一部分农民陷入了贫困的境地。

相反，梅德格县既没有使用化学药剂，也没有应用机械，仅依靠多样化的生态农业，就让当地的贫困与营养不良现象完全消失了。三年内，农妇们用很简单的方法解决了现代农业带来的所有危害：过度债务、食品主权丧失、营养不良、生物多样性破坏、农村经济衰退、人口外流、水和土地资源枯竭、市场由农村商业接管和控制。她们将农业变成当地所有居民的共同财产，并采取生态环保模式，流传后代。"令人吃惊的是，声称自己是知识分子的我们却看不上这些真正能拯救地球的知识。这种富有创意的想法越来越多，才能消除饥饿与贫穷。"萨迪斯讽刺道。

农家的农业并没有过时，事实上，它拥有意想不到的生产力，仍然是为地方民众提供粮食的最有效方法。比如在巴西，仅有四分之一农耕地的小农户，却供给了占全国总产量87%的木薯、46%的玉米以及50%的家禽[2]。

---

① 范达娜·席娃的《经过设计的饥饿》，《德干纪事》，2011年3月3日（www.deccanchronicle.com/dc-comment/hunger-design-175）。

② 《家庭式、可持续的农家农业能够为全世界提供足够的粮食》，2010年发表于《农民之路》，https://viacampesina.org/downloads/pdf/fr/FR-paper6.pdf。

第三节 生态农业发展

如今，随着生态种植的发展，农家农业越来越受到重视，尽管目前所占面积不大，但它正在法国①、欧洲②乃至全世界③持续扩大。与其他选择一样，有机化也是逐步推广开来的。从一些村庄开始，到岛屿，再到部分小国，逐渐完成了100%的有机种植转型，如不丹、萨摩亚群岛和印度锡金（印度拥有世界上数量最多的有机农民，其转型速度正在不断加快④）。丹麦也计划在将来成为一个100%有机种植的国家。

有机市场的组织也越来越完善。在美国，四分之三的超市销售有机食品，还有两万家有机专营店。合作社在其组织销售方面发挥了巨大的作用，如"有机谷"，它将来自1800多个家庭农场的产品分销至全国。法国的"有机合作社"系统也是如此，自

---

① 自相矛盾的是，一方面，法国传统农业的农药使用量正在增加；另一方面，其有机农业也在不断发展。2010年至2016年间，每天完成转型的农场数量从10家增长至20家。其间，可用农耕土地中有机种植的面积增加了两倍，所占比例从2%增长至5.8%。转型并不仅仅是因为生态环保，也由于有机产品的售价更高。

② 2002年至2012年间，面积翻了一番。

③ 2000年至2011年间，全球有机农场数量增长至原先的7.2倍，162个国家的有机种植总面积增长了1.4倍。

④ 作为世界上首个有机国家，2016年，印度共有65万农民，其有机认证土地面积在2005年至2010年间增长了28倍。在许多公共项目的推进下，数百个村庄完成了转型（参见贝内迪克特·马尼耶：《印度制造》，同前）。

1986年创立以来，它一直在不断壮大。这一全球化发展的另一面却是，有机行业常受生产本位主义影响，销售也受到大公司的控制[①]。但重要的是，它意味着在土壤生态环保方面的一次真正的选择，创造了数以万计短距离销售的商机[②]。

以热拉尔·吉多为例，自1980年开始，他一直在科梅市从事有机耕种，在他看来，"有机化显著提升了这里乃至整个马耶讷省农场的销量"。他将自己3.5公顷土地上出产的蔬菜直接销售给市民，平均每周销售30筐。他说："我本可以卖60筐，这很容易，但有些家庭订单，我自己没法做，就转给了其他种植者。"他还通过网站"蜂巢说好！"将蔬菜出售给拉瓦勒市附近的一家有机杂货店，一家大型超市也向他订货。订单不断增加，但他的价格仍然很合理："我的蔬菜年平均价格总比超市里传统农产品便宜。我的有机番茄比那些用了农药的还便宜。"他笑着向我展示了他在开放的温室中生长的600多棵番茄树。

对于热拉尔·吉多以及其他人而言，有机化是农村土地全球化发展的一个步骤，而这一发展并不限于粮食。吉多在自家农场建造了一处村舍，欢迎宾客，还与临近的有机种植者相互交流：他借出土地，供后者实验新的种植技术，并从他们那里得到新的秧苗。自1995年起，他每年都前往巴西，帮助当地从事有机农业的农民组织短距离销售、建造村舍。他与巴西的种植者创立了一个公平贸易网点，还在马耶讷省设立了一个巴西学生欢迎机构。

① 超市依然是有机食品的头号分销商，但直销（主要是"农业支持协会"）和专营店的发展速度最快。参见菲利普·巴奎的《蓬勃发展的有机农业》，2011年2月发表于《法国世界外交论衡月刊》。

② 据美国农业部统计，2012年，该国共有超过1.26万农场实行短距离销售。在欧洲，共有逾45万名"农业支持协会"产品的销售者，其中32万在法国（欧洲社区支持农业研究小组，《欧洲社区支持农业概况》，2016年，http://urgenci.net/the-csa-research-group/）。

第四节 生态农业：永续生活设计和森林农业

生态农业（永续生活设计[1]和森林农业）也在蓬勃发展当中，它与有机农业类似，但在促进生态系统更新方面发挥了更大的作用。在法国，其最具代表性的人物无疑是皮埃尔·哈比，他是"蜂鸟"组织和"地球与人道主义协会"[2]的创始人。这两个组织致力于在法国和非洲（摩洛哥、马里、布基纳法索、喀麦隆……）推广生态农业，帮助农民实现自给自足，并恢复他们"地球母亲的古老守护者"[3]的身份。

永续生活设计是一种全球化的道德追求，旨在通过各要素（水、植物、动物……）之间的相互作用，建立抵御性强大的生态系统，守护土地与生物。植物因彼此之间的自然协调作用相互联系：一些植物负责储水，另一些则生产抵御害虫的物质，或是滋养土壤，它们相互保护、提供养料。树木能储存土壤中的热量

---

[1] Permaculture，又译朴门学，由澳大利亚的比尔·莫利森和大卫·洪葛兰，受日本微生物学家福冈正信的启发，于1974年所共同提出的一种生态设计方法，其主要精神所在就是发掘大自然的运作模式，再模仿其模式来设计庭园、生活，以寻求并建构人类和自然环境的平衡点，它可以是科学、农业，也可以是一种生活哲学和艺术。福冈正信是首个为这一自然农业建立原则的科学家（参见福冈正信的《一棵稻草的革命》，特雷达涅勒出版集团，2005年）。

[2] 参见http://www.colibris-lemouvement.org/；http://www.terre-humanisme.org/。

[3] 皮埃尔·哈比：同前，2010年。

与水分。工业化的农业，是建立在没有生命的物质基础之上的，需要用大量的化学物品。与此相反，永续生活设计则能维持土壤生机，使其拥有丰富的有机物（树叶、动物的排泄物、蘑菇）和多种自然成员（传粉昆虫、地下动物）的守护。它能帮助更新生态系统，具有惊人的生产力。

各地①的永续生活设计均成果喜人，无论是在其法国的样板中心——诺曼底的勒贝克埃卢安农场②，还是在世界上的其他农业地区。它有助于减缓马拉维民众营养不良的状况，还为埃及南西奈省的沙漠地区带来了活力③。在约旦，澳大利亚专家杰夫·劳顿在死海的沙漠谷地开垦了一些食物森林，表明了永续生活设计更新土壤的能力④。印度中部的一个沙漠化地区在实行永续生活设计后重现绿意，当地100多个村庄也恢复了生机，由此还诞生了一个有机产品行业以及一家面向青年种植者的培训中心⑤。同样在印度，400万农民转而采用一种类似永续生活设计的方法，即零预算农业⑥，依靠自然来发展农业。

在摩洛哥，布拉舒瓦村的60户家庭也见证了永续生活设计是如何改变他们的生活的。2013年，来自伊本·贝尔塔协会⑦的穆

① 全球实行永续生活设计的地区名单，参见https://permacultureglobal.org/projects。
② 参见www.fermedubec.com/，由西里尔·迪翁和梅拉妮·洛朗执导的《明天》（2015年），以及卡罗琳·德马莱的《在勒贝克埃卢安农场，永续生活设计带来了收成》，《费加罗报》，2016年4月14日。
③ Habibaorganicfarm.com。
④ 该行动的视频，参见http://www.youtube.com/watch?v=reCemnJmkzI。
⑤ 参见贝内迪克特·马尼耶的《印度制造》，同前。
⑥ 《在帕莱卡尔看来，只有零预算农业才能让产量翻倍》，《印度教徒报》，2014年11月23日。
⑦ 参见http://www.association-ibnalbaytar.com，该协会致力于促进摩洛哥阿甘油合作社的发展。穆罕默德·舍夫沙万还参与了"1000个非洲菜园"的项目以及国际慢食组织。

罕默德·舍夫沙万和"不可思议的食物"组织的弗朗索瓦·鲁耶为这些贫困的村民提供资助，帮助他们种植果树，建立永续菜园农业及锁孔花园。很短的时间内，村民们便生产了"一些蔬果和鸡肉，还有一些鸡蛋；布拉舒瓦村在两年内就实现了粮食独立，未来得到了保障"。穆罕默德说，他为农民的蔬菜和家禽组织销路，先成筐地运送到首都拉巴特，然后直接在村里的流动市场上出售。

随后，当地居民又搞起了"本地品质住宿餐饮"，穆罕默德接着说。他们的村庄正好坐落在远足区，于是便成了一个著名的乡村旅游景点，每个周末都有很多游客在这里歇息。如今，许多国家的"世界有机农场组织"成员（wwoofers）都来这里参加耕种。长期站在男性身后的当地妇女也"创建了库斯库斯以及鸡类合作社；这些合作社运行状况很好，以至于妇女们常常成为记者的首要采访对象"，他高兴地说。村民们重新掌握了自己的生活，这一成功案例经媒体报道，使布拉舒瓦村成了印度蓬勃发展的永续生活设计中的一座灯塔。

森林农业也能让贫瘠的土壤恢复活力，并通过农作物、树木及畜牧之间的互相作用有效增加收益：马拉维、赞比亚、埃塞俄比亚和布基纳法索的数千种植者就是靠此脱贫致富的[1]。绿带运动在肯尼亚沙漠化地区种植了5100万棵树，帮助当地的耕地、河流恢复生机。受这些案例启发，巴西土地研究所在里奥多西山谷栽种了170万棵树，以恢复当地水循环，让农民通过劳作获得幸福生活。森林农业改变了数十万农民的生活，无论他们身处炎热潮湿地带（斯里兰卡、菲律宾、厄瓜多尔、巴西亚马孙地区）还是气

---

[1] 参见世界农林中心（Worldagroforestry.org）和丰富地表土壤树木种植发展协会（Apaf）。

候怡人之地（美国、欧洲），无论是在高海拔地区（尼泊尔、不丹）还是在极其干燥的地方（约旦、尼日尔……）。在"农民之路""巴西无地运动"（MST）、"从农民到农民""参与式生态用地管理"（Pelum）及西非农民生产组织（Roppa）等众多国际组织[1]的推广下，森林农业如今遍布全球。

政府也逐渐意识到生态农业的重要性。自2014年起，拉丁美洲许多国家展开绿化工作，哥斯达黎加的表现尤为突出，它积极投身环保运动，计划让5万公顷土地恢复生机。11个非洲国家（埃塞俄比亚、刚果民主共和国、肯尼亚、尼日尔、乌干达、布隆迪、卢旺达、利比里亚、马达加斯加、马拉维、多哥）也加入了其中，预计到2030年完成1亿公顷森林的重建工作[2]，以促进贫瘠土壤再生。

保护生物多样性

森林砍伐造成的土地风化问题，并非只影响农业发展，生物多样性的消失也同样令人不安。据国际粮农组织统计，在过去的100年内，地球上失去了75%的农业品种。换句话说，喂养了一代又一代人的蔬菜和谷物许多都消失了。其主要原因是少数工业化种子公司控制了国际市场[3]。在他们极其高效率的游说之下，只有

---

① 主要参见http://www.permacultureglobal.com和http://www.worldagroforestry.org/。

② 非洲森林景观重建项目（AFR100）。

③ 孟山都公司是世界头号（转基因）种子生产商，现被拜耳公司收购；陶氏化学公司则与杜邦公司合并。超级集中化的现象让这几家公司控制了全球三分之二种子贸易。参见弗洛朗·德特鲁瓦的《拜耳–孟山都：控制种子》，AlterEcoPlus.fr，2016年9月16日。

得到官方认可的现代育种才能被种植。这些公司还限制农民再次播种自己所得的种子①。此外，它们的转基因育种剥夺了植物作为生物的一项权利，即再生，这是人类自定居耕种以来的第一次。转基因作物结出的种子干瘪，农民不得不每年去购买新种子。这一操控行为在世界各地均遭到反对，市民们组成团体，推广适应地方气候且无须支付后续费用的种子，其目的在于让农民能够面对市场保持独立，并保护生物多样性这一公共财产。

梅德格县的妇女们组织的这类种子银行，如今遍布各大洲②。仅在印度，"拯救育种"③和"九种"之类的运动就为此做出过巨大的努力。1987年由范达娜·席娃创立的"纳丹亚"（Navdanya）④已经拯救了5000多种适应印度气候的种子，它们经50万农民的播种，产量优于现代种子。这些种子是免费提供的，作为回报，他们将在丰收之后把收获的种子分给其他农民或捐赠给公共库存。

在法国，"农民播种"组织也成立了一些地区团体，向种植者提供种子⑤。美国的种子市场则由众多种子销售网站构建而成，这些网站与法国"生育神"协会的网站相似，后者为多种传统种子的售卖提供平台，并鼓励民众为非洲、中美洲、亚洲及东欧的种植者捐赠种子。

---

① 欧洲方面，参见"农民播种"，《人们是否有权再次播种自己收获的种子？》，http://www.semencespaysannes.org/reglementationespecesvegetalescultiveesqu117.php。

② 在地方团体或"农民之路""种子"、巴西无地运动、"农民播种""拯救种子"等非政府组织的推动下。

③ 比朱·内吉的《基层科学家挑战种子垄断》，《信息改变印度》，2011年10月。

④ 参见莱昂内尔·阿斯特鲁克的《范达娜·席娃访谈录，一种创造性的违背》，南方书编出版社，2014年。

⑤ 参见《农民播种之家》，合集，"农民播种"，2014年，Semencespaysannes.org。

种子分配也可以借助如法国的Graines de troc、Solaseeds、Plantcatching网站，西班牙的"育种交换"组织，或是美国的"种子拯救者"团体，以个人交换的方式展开。在美国的公共图书馆里，还出现了一些装有本地种子的袋子，供人们自取或补充。随后，种子图书馆这一概念由"交换种子"和"不可思议的食物"这两个组织引入法国，并以种子库的形式普及开来。

一个范围更大的种子交换网将在全球建立起来，不仅能恢复农民自行决定的权利，还将食物主权完整地交回到民众手中：事实上，它与生态农业形成体系，以增加自主农耕地的面积。

第五节　为未来全球粮食供给提供保障

地球生物圈正在一个全新的阶段（气候变暖不过是其中的一个表现）经历改变，但我们对此的认识还很模糊。工业化农业对这一重大变化负主要责任，正因为它，地球触及了十大限制[①]中的4条：生物多样性遭破坏、森林被砍伐、肥料大量使用导致土壤成分紊乱、空气中二氧化碳浓度增加。这让我们对地球将来是否还能满足人类的需求打了个问号[②]。

---

① 一组国际研究人员于2009年提出了10条地球不应跨越的界限，一旦越界，地球的某一状态就会发生变化，以致无法再满足人类需求。W.斯特芬、J.罗克斯特伦等的《地球的界限：在变化中的地球上指导人类发展》，《科学》（No.6223），2015年2月11日。
② 纪尧姆·克伦普的《自然越来越无法满足人类的需求》，《世界报》，2016年7月20日。

　　不过，还没有到无法扭转的地步，前提是我们要加速发展
有机种植、森林农业、永续生活设计和种子银行，简言之，就是
采取那些能让民众修复农业生态系统、重新掌握食物主权、发展
可流传后世的持续性农业的措施。否则，地球可能无法养活近90
亿人口，农村贫困问题也无法解决，我们也无法拯救生物圈，使
其免受难以挽回的伤害：联合国相关机构（联合国贸易和发展会
议、国际粮农组织、联合国开发计划署）已就此事的紧急性达成
了共识。

　　与依赖石油的集中化、单一种植的工业化农业相反，未来将
主要发展由数百万实现了粮食自主的个体所承担的非集中化生态
农业。这是因为它能在10年内实现全球粮食产量翻番[1]，并帮助受
损土壤再生，促进土壤的碳储存：如果世界上所有的耕地都能采
用这一模式，全球40%的碳排放将被土壤吸收[2]。

　　目前，这一全球性的农业转型还没有完成：大多数政府仍支
持工业化农业，我们需要说服他们，还要和只知道从农业资源中
谋取利益的私人企业做斗争。以上这些解决办法的普及只能依靠
公民社会，未来的政策取决于他们：农业继续走破坏之路，还是
改变模式，成为一种既可以为人们提供粮食，又可以拯救地球的
全球共享的财富？

---

① 奥利维耶·德·许特：同前。
② 蒂姆·J. 拉萨尔、保罗·赫普利的《再生有机农业：全球变暖问题的解决之道》，罗
　 德研究所，2008年。

第五章

金钱的公民用途

金钱的重要性在于它连接着现在和未来。

——约翰·梅纳德·凯恩斯,
《就业、利息和货币通论》

当人类共同行动时,力量就会涌现。

——汉娜·阿伦特,《人的境况》

2008年的金融危机让银行成了人们不断谈论的话题——从银行的境外资金流转到高风险投机,从坑人的抵押贷款(次级按揭贷款)到银行领导的奖金,都在谈论之列。这次危机让银行长期处于不被信任的状态,道德银行和储蓄合作机构等替代机构的客户人数在世界各地几乎都开始增加。此后,这些机构摆脱了边缘机构的行列,并不断发展壮大。

第一节　投资实体经济:储蓄合作社

"57合作社"(Coop57)位于巴塞罗那的一座老建筑里,面向一条宁静的街道,街道两旁种着树。正是春天,早晨气候温和，在这间宽敞的房间里工作的员工几乎都是30多岁，房间的窗户开着，气氛严谨又不失活泼，电话铃声与加泰罗尼亚语交织在一起。这是一家金融服务性质的公民合作社，作为协调人之一的雷蒙·加西奥·巴尔贝告诉我说，这家合作社的历史可以追溯到1986年。

那年，1910年在巴塞罗那建立的布鲁格拉出版社关门歇业，被遣散的员工中，有57个人决定为未来做点什么：他们拿出一部分遣散赔偿金，建立了一个资助基金，在当地企业中创造就业机会，前提是这些企业要满足一定的社会标准。首批获得资助的是社会上一些创新性的合作社和中小型企业，随后，为避免公共基金耗尽，基金建立者们决定把基金对外开放，于是，1995年，"57合作社"诞生了[1]。

此后，合作社明显壮大。一开始，社员只有57人，到2015年社员数量已超过3501人，加上740个社会经济机构，包括协会、基金会以及合作社。2008年金融危机[2]过后，社员数目的增加尤其显著。雷蒙表示："如今，人们都在寻找银行的替代品，他们已经对银行失去信心。"

通过在"57合作社"储蓄，个人和机构可以成为合作社的共同持有人。"这里的一切都是透明的，"雷蒙说道，"账目是公开的，合作社成员可以在年度大会上决定他们投资的回报率。"他们还可以在合作社选定的资助领域中选择自己的存款去向，包括合作社[3]、融合机构、有机农场、自主管理的学校、可再生能

---

① 参见http://www.coop57.coop。

② 由于成员人数不断增加，"57合作社"的存款余额从2008年的410万欧元增加到了2015年的3030万欧元，并且数字还在持续增长。

③ 加泰罗尼亚的合作社历史悠久。佛朗哥主义时期合作社被禁，恢复民主后，合作社又重新发展了起来。

源、消费者合作社……反正这些领域"从没有得到过银行的支持"。雷蒙笑道。每份贷款申请均需经过会员委员会，由委员会评估该计划的可行性以及标准（集体效益、能创造多少就业机会、工资梯度、男女是否平等以及对环境的影响）。接下来，由一个委员会提供技术支持；有了这个委员会，合作社支持的项目中很少有不成功的例子。

为满足需求，"57合作社"在西班牙多个地区开设了分部，但这些分部一直保持"自主管理，并且靠近当地。因为如果想发展道德经济，就不应让官僚主义产生，也不应忘记最初的理念——要与被资助项目保持紧密联系"，雷蒙说道。所以他们打算增加当地投资合作社的数量，并且这一方法其他地方也可效仿。雷蒙认为："这是一种通用模式，只要尊重当地的特点，它就可以在全球复制。"

在法国，地方组织开展了一项与"57合作社"类似的活动——地方互助储蓄轮流管理投资者俱乐部（Cigales[①]）。[②]自1983年开始，俱乐部就聚集了一批想将自己的储蓄投资到地方经济中的民众。每个俱乐部都要确认递交的项目满足一定的标准——创造就业机会、具有合作或联合性质以及生态意义（有机农场、可再生能源公司等）。Cigales由此促进了法国近千家企业的诞生，包括维持圣皮耶勒维尔村当地经济生活的阿尔德兰合作社，这是阿尔代什省一家有机羊毛纱厂合作社。

创建于1985年的灌木丛合作社是另一家风险资金互助合作

---

① Cigales，意为"蝉"，也是"地方互助储蓄轮流管理投资者俱乐部"的法文首字母组合。——译注

② 帕斯卡尔-多米尼克·拉索，《地方互助储蓄轮流管理投资者俱乐部：我们的储蓄——不同的工具》，伊夫·米歇尔出版社，2007年。

社，同样为在法国（有机食品、汽车共享及回收利用、生态建设等）和非洲（妇女合作社、手工肥皂厂等）①建立的互助经济公司提供资金支持。自2008年金融危机以来，银行向中小型企业借贷的减少使灌木丛合作社的融资得以增加。

第二节　对社会负责的银行

有意义的储蓄对公民的吸引力越来越大，传统银行在充分认识到这一点后，建立了许多支持社会和生态计划的道德基金②。这一不断增长的储蓄形式由三部分组成，分别是捐赠给协会或互助企业的储蓄利息、由工资储蓄资助的贷款和专项储蓄基金以及对互助企业资本的直接捐助③。

但更有趣的是，与上述储蓄形式有着根本差别的银行如今却发展势头良好，跟"57合作社"一样，他们资助的是另一类经济——有机农业、可再生能源、非传统学校④、合作社、由求职者创建的中小型企业等，而且，所有银行每年都会向其成员说

① 参见http://www.garrigue.net。

② 见"互助投资"，替代经济杂志–互助金融家协会（Finansol）。

③ Finansol的统计表明，互助储蓄2015年在法国的储户人数达100万，存款余额为84.6亿欧元（一年中增加了24%），而2002年时这一数字仅为3.09亿。见塞琳娜·穆宗的《互助金融继续攀升》，AlterEcoPlus.fr，2016年6月7日。

④ 即替代性学校，尤指在教育目标、教学方法或课程设置、安排方面采取非传统方式的学校。——译注

明投资情况，其中的先驱有1972年在荷兰建立的荷兰合作银行
（Rabobank）、1974年建立的德国合作银行——信贷和赠送联
合银行（GLS Bank）以及80%的份额由女性持有的荷兰信用社
（Oikocredit），该信用社自1975年开始就在70个国家资助可持续
农业计划、可再生能源计划以及污水净化计划。1980年诞生于荷
兰的特里多斯银行（Triodos）在欧洲的5个国家设有分行，让超过
130万的欧洲人用上了可再生能源。

　　在这一清单中还要加上丹麦默克银行（Merkur Bank）、意大
利合营银行（Banca Etica）以及西班牙担保银行（Fiare）。或者
还可以加上瑞典的生态银行（Ekobanken）和土地劳动力资本银
行（Jak），后者以公民的"金融独立"为目标，发放免息或利
率极低的贷款。法国有两家，分别是国内第一家社会经济融资银
行——信用合作社（Crédit coopératif）和建于1988年的中殿银行
（Nef）。作为"公民过渡团体"的成员，中殿银行为一些社会和
环保项目提供资金，例如与共享能源公司合作的一些可再生能源
公民合作项目。

　　欧洲的道德银行现已加入欧洲道德和替代银行联合会
（Febea）。在世界范围内，全球价值银行联盟（GABV）聚集了
10多家道德银行（如美国新资源银行、第一绿色银行、玻利维亚
阳光银行、瑞士ABS银行等），作为"金融体系的替代机构"。

　　魁北克的互助金融集团加鼎银行（Desjardins）也不再与其他
银行一样。在位于蒙特利尔的现代化办公室里，银行总裁热拉尔
德·拉罗斯对我说，这家合作社是在1971年将工人和工会的储蓄
合并后成立的，作为加鼎运动①的成员，该合作社以"转变银行行
为为使命"。董事会的构成就可以体现这一点——80%由工会代

───────────────

① 魁北克第一个合作银行团体，拥有成员580万人。见有关合作社的章节。

表、协会代表、团体机构代表、合作社代表及基金会代表构成，20%由个体储户构成。加鼎银行只投资对社会负责的基金，并且每年都会将盈余拨给数千个改造社会的计划，支持这些计划的有协会、互助经济企业和各个领域的合作社（住房、工作、绿色食品、医疗、环境、文化、学校、汽车共享等）。拉罗斯表示："我们投资这类经济是因为这些公司更持久，这是一种真正的经济，而不是投机经济。"

他又补充说，社会经济占"魁北克国内生产总值的10%，这一数字远远高于北美其他地区。这种经济模式已经融入魁北克人的基因中——我们是盎格鲁-萨克逊流域中唯一说法语的民族，而且我们历来就有集体行动的惯例"。在国外，加鼎银行也支持与巴西工人总工会（CÚT）有关联的信用储蓄合作社。拉罗斯总结说："我们并不是一家很了不起的替代机构，只是为改变模式做出一点贡献，激励银行体系去思考它自身的矛盾，改正它的做法。"

在日本还存在另一种模式的社会银行。这里要说的是诞生于第二次世界大战结束后的"工人银行"——洛今银行（Rokin），其目的是帮助不能得到贷款的公民。如今，它的会员数量已经超过一千万人，其中大部分会员来自工会、合作社以及互助会①。

在美国，约有一千家社区发展金融机构联盟（CCDFI②），其中多数均为非赢利性的。这些机构由储蓄、宗教组织、基金会及公共或私人基金支持，其使命是为低收入人群提供银行服务，帮

---

① 参见网站http://all.rokin.or.jp/及2011年国际劳工组织发表的《洛今银行——成功促进普惠金融的工人组织的故事》。

② 社区发展金融机构联盟（Coalition Community Development Financial Institutions）提供的数据表明，其资金由2007年的250亿美元增长到2010年初的417亿美元。

助中小型企业创建者，为改善居住条件提供资助。如坐落在奥克兰的"同一个太平洋海岸银行"，专向低收入家庭或女性经营的中小企业发放贷款。非赢利性质的卡斯卡迪亚公司则支持绿色农场、可再生能源的生产以及环保住房。

　　在这些CCDFI中，尤其值得关注的是信用社。1850年，这些非赢利性金融合作社先是诞生在德国农村地区，其目的是让农民实现金融互助，随后在世界范围内以惊人的速度扩展。如今，这些由社员共同持有的信用社遍布105个国家，尤其是在美国、印度和加拿大，其中一支——"社区发展信用社"（CDCU）主要面向超低收入家庭。

　　这些机构都有一个共同点：2008年金融危机后，它们的客户数量在全球范围内呈爆炸性增长①。尤其是冠以合作理念的信用社，吸收了大量来自商业银行的储户②。危机过后的两年，美国CCDFI的资本整体翻了一番③。这些机构在克里斯汀发起的一项活动中受益颇多，这位年轻的加州女孩对自己存钱的银行——美国银行（Bank of America）的税率不满，于是就想出了"银行转账日"（Bank Transfer Day）的主意，大家在2011年11月5日当天集体注销银行账户。她在脸书上发起的号召得到了媒体及占领华尔街运动④的传播和扩散。自11月5日开始，21.4万美国人将银行存

---

① 例如德国信贷和赠送联合银行的存款余额在危机过后的两年内增加了37%。该银行宣称现在每月都会新增2000个客户。

② 世界信用社理事会（World Council of Credit Unions）的数据显示，世界范围内的信用社成员由2009年的1.84亿增长为2014年的2.173亿（增加了15%），其中1亿来自美国。

③ 数据源自美国社会投资论坛基金会2010年的报告。

④ 2011年9月17日，上千名示威者聚集在纽约，试图占领华尔街，他们通过互联网组织起来，反对美国政治的权钱交易、两党政争以及社会不公正。抗议活动后来逐渐升级，成为席卷全美的群众性社会运动。——译注

款转移到了信用社中①。

第三节　西班牙的自筹资金贷款团体

信用社实际上基于一个很简单的理念，即收集一个群体的存款，随后贷款给需要的成员。这一理念很早以前就被应用于传统的"唐提保险"②中，在非洲、拉丁美洲和亚洲，有几百万人使用这一保险产品。这些公共存钱机构的会员之间相互认识（父母、朋友、邻居），他们定期存钱到永久基金中，由机构以无息或可忽略不计的利息贷款给每个人。

一些组织性更强的团体中也进行自主管理贷款。非洲（布基纳法索、刚果金、卢旺达等）就有几百家互助会③，它们发放互助贷款，建立储蓄基金和信用基金。在委内瑞拉，"唐提保险"以公共银行的形式存在，这些金融互助机构的成员大部分为女性，其成员可享受银行家职业的培训。

西班牙一位年轻的企业家让–克洛德·罗德里格斯–费雷拉正是看到了这种体系，才萌生了一个想法：在本国以"自筹资金团体"的名义重建这一体系。阿卜杜拉耶·法尔于2006年7月创建了一家CAF，他是巴塞罗那首批CAF的创建者之一。他说："一开

---

① 数据源自美国国家信用联盟协会（Union nationale des credit unions américaines, Cuna.org）。

② 又称联合养老保险。——译注

③ 参见http://mutuelle–solidarite.org。

始我们只有3个人，但两年后我们已经有20人了。"该团体筹集了3000欧元的资金，提供的贷款（一般在100—500欧元之间），资助成员的日常开支，如购买课本或洗衣机。每个人都要由两名团体创始人推荐，并由会员全体表决同意后才能加入该团体。存款总额不固定，并且只要有两名成员担保，每个人都可以申请其股金四倍的贷款。

阿卜杜拉耶说，团体每月都会召开会议，并且做决策时"尽可能民主"。每位成员都是公共资本的共同所有者，每次都会公开清点资金。贷款的总额、期限及条件由大家共同决定，利息收益（每月约1%）在年度大会上平等分配。协调人也由民主选定。阿卜杜拉耶举了个家政服务女工的例子，她负责协调加泰罗尼亚的一家CAF，并开玩笑说："周一到周五我打扫房子，周末的时候我就变成银行行长了。"

CAF最终重建了银行的最初理念：保障存款安全，提供所需贷款。随着西班牙人的收入变得越来越不稳定，CAF也多了起来，因为日常开支离不开CAF提供的小额贷款。阿卜杜拉耶解释说："尤其是移民，他们的处境特别艰难：没有求助的人脉、经常失业、没有身份，这些都让他们无法向银行求助。"而这些贷款就可以在意外情况时为他们提供帮助，并资助他们原住村的一些像钻井这样的项目。

从词源上来说，信贷是相信某人。阿卜杜拉耶说，团体中的信任关系现在把信贷变成了"可以解决许多问题的互助网络，例如教不识字的人认字或者交换服务。如今，70%的成员表示钱不是首要的，他们更重视这个社交网络"。

CAF不同于小额贷款：它不依赖于中央机构（如格莱珉银行），并且贷款不限于进行经济活动。阿卜杜拉耶接着说道："CAF填补了一块极其重要的空白，即没有人提供的三四百欧的贷款。"此外，共同管理资金可以避免在某些国家小额贷款失控的问题[1]。特别是CAF证明了穷人也可以自筹资金。让–克洛德说："小额贷款中贷款给穷人的做法已经是革命性的了。但是CAF做的更多。CAF告诉低收入人群：'你们可以自己组织起来，实现经济独立。'"让–克洛德还创建了一个全球性的平台Winkomun.org，该平台提供的教程可以为新团体在世界各地的创建提供帮助，其中包括印度尼西亚、意大利、葡萄牙、塞内加尔等。

阿卜杜拉耶说，CAF是"一种通用的、灵活的、适应性强的模式，它可以在全球范围内复制"。而让–克洛德则想得更长远："CAF的理念是创建几百万个小团体：想象一下一个大洲中有3000万个团体，每个团体30人，全部是自主管理。"这些微型银行可以以社区、村庄、城市为单位进行组建——例如在同事之间或同一个体育俱乐部之间——并让所有不能向银行贷款的人获益。此外，在发展中国家，CAF让穷人摆脱了高利贷者过高的利息[2]。

在拉丁美洲（巴西、玻利维亚、哥伦比亚等），一个与自筹资金类似的系统在农村融资基金会[3]的创始人委内瑞拉人萨洛蒙·雷当的领导下也在不断推广。

---

[1] 例如在印度，小额贷款变成了赢利的工具，并且某些机构的小额贷款利率过高。

[2] 工业化国家中也有放高利贷者，他们瞄准的是入境移民：2010年，英国有31万家庭成了高利贷的受害者，这些高利贷者放出的高利贷利率高达130%。

[3] 参见http://www.fundefir.org.ve。

共同投资生态和互助经济——众筹

　　CAF会自动限制团体范围，因为所有成员之间要互相认识，而众筹则与之相反：其共同投资范围可涉及所有人。如今，众筹覆盖的经济领域十分广泛，数千个平台每年都会从世界各地筹集高达数百亿美元的资金。众筹资助的范围几乎涵盖各个方面：新兴公司、中小型企业、文化项目、人道主义援助、新媒体、电子游戏、遗产修复、房产购买以及亲属的医疗费用。众筹的形式多种多样，其中包括（个人或集体的）股票捐赠、借款和资本投资。通过众筹可以资助一个艺术项目，借款给个人或者投资一家新公司。

　　与合作经济的其他领域一样，众筹以前主要由商业领域通过大的银行投资。但如果交付到公民手中，众筹就可以成为援助某些项目的有利工具，没有众筹，这些项目只能得到少量支持。所以除了众筹领域的世界领导者"资助我""发动者"（Kickstarter）、Indiegogo众筹网站或法国领导者"于吕勒"（Ulule）、"亲亲银行"（Kisskissbankbank），还应该开发为区域项目和集体利益筹集资金的小型平台。

　　在法国，"蓝蜜蜂"（Bluebees）与"未来农场"（Fermes d'avenir）共同资助当地的绿色农产品加工和朴门永续设计[①]。"生态碗"（Ecobole）、"巴别塔之门"（Babeldoor）和"果皮众筹"（Zeste）（依靠中殿银行）支持对社会和生态有益的创新活动；"米莫萨"（Miimosa）资助当地农场；"文化时间"（CultureTime）资助文化项目；"镇之光"（Bulbintown）资助附近的创新活动（手工业者、地区协会）；Humaid.fr和Undonpouragir.fr资助人道主义计划。"菲普能源"（Enerfip）和"吕莫众筹"（Lumo）投资由企业引领的可再生能源计划，而"公民案件"（Citizencase）则资助协会或公民团体的诉讼。

在国际范围内，"全球给予"（Globalgiving）、"沃克斯事业"（CauseVox）、"考西斯"（Causes）、"群众崛起"（Crowdrise）和"拉佐硬币"（Razoo）都是互助协会重要的金融工具；"基瓦会堂"（Kiva）和"巴比伦贷款"（Babyloan）向南方国家的小企业主提供小额贷款；全球妇女网（Women's WorldWide Web）支持发展中国家或新兴经济体的妇女解放。在非洲，"法德夫"（Fadev）和共同投资（CoFundy）支持社会经济企业主；"这是我的非洲"（Itsaboutmyafrica）则支持与教育、发展及生态有关的项目。在西班牙，由开源基金会（Fuentes Abiertas）经营的"戈泰欧平台"（Gotéo）资助的是公益事业——植树造林、推进诉讼案件——并以用户交易中心的形式运行。

在推进改变的愿望下，众筹与公民社会相伴而生。该领

---

① 朴门永续设计可以使农业生态系统拥有丰富的物种、较强的自然适应能力，并保持生态稳定，通过效法自然的永续发展方式，满足人类的食物、能源、住所等各种物质与非物质的需求，彰显出人与大自然的协调统一。——译注

域的专家、法国众筹协会管理人伯努瓦·格朗热分析说：
"当对银行[①]的普遍不信任与公民热衷于能在当地创造就业
机会的具体行动同时存在时，众筹应运而生。让项目的计划
者与持有资金的公民面对面，在线众筹比储户不知道钱被投
资到哪儿的存折更透明。这是透明和时间的胜利，同时也是
成本的胜利。"

　　此外，"既自由又理性的"众筹方式将新的年龄阶
层——"几百万的额外人员"——带到了投资与捐赠的圈子
中，伯努瓦·格朗热接着说道："30多岁并不富裕的人与大
储户一起投资一些利率高达7%的项目，这一利率在传统的储
蓄中是不存在的。"

　　他说，这一领域未来"肯定会发展"，但会"到达顶
点，因为，发展必然会带来更多的调整，以避免走错方
向"。最终，只有最道德的、收益最高的平台会维持下去。

---

① 在法国，2014年众筹的合法化结束了银行对借贷和投资的垄断。

第四节　集体银行

　　在墨西哥、印度和巴西等新兴国家，自主管理与CAF类似，也让一些小的集体银行成功建立了起来。在印度，一些妇女群体管理自己的银行合作社——自雇妇女协会银行（Sewa Bank）[1]，该银行为她们提供账户、信贷、退休金储蓄以及医疗保险服务。在巴西，维多利亚市某区的妇女与她们做法相同：这些妇女创建了一家依靠公共财产的银行——财产银行（Banco Bem）。这些在手工业[2]中获得独立的女性，首先将她们的积蓄集中起来借给其他想跟她们一样的妇女。随后，为将借款组织起来，她们在2005年建立了财产银行，该银行提供银行服务，为消费、改善住房和在当地开设商店提供小额贷款，同时还提供职业培训和技术支持。这家共同管理的小型银行让自己的区域货币"财产"（bem）在维多利亚市3.1万个居民中流通，促进了当地微型经济的发展。

　　事实上，财产银行的创始人是受到若阿金·梅洛在巴西另一座城市福塔雷萨的经历所启发。若阿金·梅洛以前是神学院的学生，1997年，他参加了以前的贫民窟——棕榈树区——居民的社会斗争，并意识到该区居民持有的少量金钱都会流出去，因为棕

---

① 该银行由埃拉·巴哈特创建，是妇女个体企业协会（Sewa.org）的一个分支，让120万以前贫穷、不识字的女性走上了独立就业或合作就业的道路。

② ateliedeideias.org.br，卡米拉·奎罗斯的《财产银行改造了八个社区的现状》，奥多比数字出版社，2011年3月31日。

桐树区没有任何贸易活动。显然，资源的流失不利于当地经济活动的发展。于是，若阿金·梅洛与当地的居民一起建立了小型集体银行——棕榈银行（Banco Palmas），向家庭提供低利率的小额贷款以支持开展小型贸易活动。另外，为了让居民能够购买当地销售的商品，该银行还提供零利率小额消费贷款。棕榈树区在双重推动下开始重新焕发活力。商业贸易得以开展，一家服装合作社和一家家用产品公司也得以建立。最终，经济脉络重新建立了起来，在维持8000个工作岗位的同时又创造了2000个。为了支持当地经济的流通，2002年发行的区域货币——棕榈很快被超过240家当地企业接受。

如今，棕榈树区的居民生活得还不错，在棕榈银行的启发下，51家其他集体银行，土地银行（Banco Terra）、阳光银行（Banco Sol）等，也在巴西建立了起来，其中还不包括在拉丁美洲，尤其是委内瑞拉发展起来的银行。

第五节　区域货币的全球性发展

货币专属于某个街区或居民群体，目的是提高购买力和支持当地经济活动，这一理念由来已久。1929年美国经济大萧条时期，在大规模失业的背景下，名为"萧条脚本"（depression scrips）的货币单位流通于市镇、企业、慈善协会以及由个人组成的团体之间，以帮助美元收入暴跌的人群。该货币适用于各个领域——工资单、付款凭证、信用证等——并且在整个大萧条期间，它一直维持着小规模的经济贸易，让数百万美国人没有美元也可以生存下去。在德国和瑞士也有一些相同类型的货币出现。

30多年来，这些区域的、集体的、补充的、公民的或社会的货币几乎再次出现在世界各地，它们的目标基本一致——对抗货币贫乏，活跃周边经济。为了解这些货币在当地的影响，我去了纽约州的伊萨卡市，见到了1991年发行的货币的使用者们，那时伊萨卡还处于危机时期。

当时，伊萨卡的商业贸易很糟糕。当地人觉得他们花出去的钱都流了出去，并且受益的只有大型经销超市。直到今天，作为两家伊萨卡绿色产品合作商店店主的乔·罗马诺仍然对这些导致美国经济迁移的连锁商店不满。这个胖胖的男人戴着眼镜，一双眼睛炯炯有神，他说："在这些商店购物的人们并没有意识到这些跨国公司带走了我们多少业务和就业机会，又是怎样影响我们的生活习惯的：这就是一个向离岸资本主义开放的水龙头。"

1991年，伊萨卡的居民保罗·格洛弗认为如果把这些钱花在市中心的商业贸易中，就会增加就业机会和地方收入。于是，他想象出了一种可以在闭合的圈内流通的货币单位，居民可以自己选择他们钱财的去向。他自己印刷了首批纸币——在纸币的显眼处骄傲地印着"在伊萨卡我们相互信任"的口号，并努力说服当地的居民和商人使用这一货币。

现在，"伊萨卡时间"（Ithaca Hours）已被250多个行业所接受：杂货商、农民、律师、瓦匠、饭店老板、书商……用这种货币可以跟农民买菜，而农民自己在修理厂修理拖拉机也使用该货币，修理厂的人又会用该货币去看牙医，以此类推。这样伊萨卡时间就将货币的流通限制在了市内，"而不是支持跨国公司经济迁移"，协调人之一保罗·斯特雷贝尔说道。"如果没有这一区域货币，有些商店是维持不下去的。同时它也为生产者和消费者提供了其他选择：一个卖水果、蔬菜和当地奶制品的农贸市场出现了。"在一家有机小型超市工作的乔接道。一些房东也接受用伊萨卡时间支付房租，伊萨卡的储蓄合作社——替代信用社（Alternative Credit Union）接受用该货币偿还贷款。

交易以时间计算的方法让那些没有足够美元的人重新有了购买力。乔解释说："这种方式的理念就是撇开大家的收入不谈，单论我的一个小时抵你的一个小时。这就是社会公平。"其他城市也在效仿这种非货币化的财富计算方式。在费城，穷人可以通过做教育辅导、照看别人等志愿服务来获得"等于美元"（Equal Dollars）的购买力。比如接下来他们就可以享受医疗服务，即使没有医疗保险。一些机构也接受直接的服务交换，例如用工作时间（修补房屋、为学校餐厅供应蔬菜等）交税。这些货币回归到了货币最初的功能——作为一种交换凭证，而不以赚取货币本身为目的。

第六节　为区域发展考虑

今天，在世界上流通的5000多种区域货币和补充货币（MLC）中，一半是货币凭证，一半是用于服务交换的时间单位。在巴西，在圣保罗交换的是"红利"（bonus），在阿雷格里港交换的是"彩虹"（arco iris），在里约热内卢交换的是"图皮"（tupi）；而加拿大有10多种这类货币："多伦多元"（Toronto Dollars）、"卡尔加里元"（Calgary Dollars）、"劳伦廷"（Laurentiens）……；美国有40多种"时间货币"（Time Dollars）、"底特律欢呼币"（Detroit

Cheers）、"伯克夏尔"（Berkshares）……；德国则有60多种。在法国，数字货币"科派克"（Coopek）由一家合作社管理，在全国范围内流通并允许借款，力图创造一个新的时代①。而为帮助当地经济走出萧条，于1934年在瑞士的巴塞尔创造的"我们货币"（Wir）虽然只占货币总量的1%，但每5家小企业中就有一家使用该货币②。

在法国，同时存在两张运行模式相似的货币网络，但它们的起点却不同。组成第一张网络的货币由想要活跃当地经济的居民群体发行。正在流通的10多种货币有洛特河畔新城的"蜜蜂"（Abeille）、阿尔代什省的"萤火虫"（Luciole）、佩泽纳的"欧西坦"（Occitan）、蒙特勒伊的"桃子"（Pêche）等等，现在，这些地方经济动力通过一个国家平台实现了互帮互助③。

第二张网络于2005年由财富集体（Collectif Richesses④）及一些团体和社会经济公司⑤合作创建，组成该网络的互助货币（monnaie Sol）有里昂的"锚眼"（Gonette）、滨海布洛涅的"布洛涅互助"（Bou'Sol）、尼奥尔的"互助天使"（Sol-Angélique）等。在这种背景下，互助货币发展出了3种职能：分别是购物付款（经济互助）、以志愿服务交换服务或财富（时间

① 巴蒂斯特·吉罗的《刚发行的科派克是第一种为地方利益服务的国家货币》，大地报道，2016年10月4日。

② 纪尧姆·瓦莱的《我们在瑞士——力量的反抗？》，《调节杂志》，2015年12月20日，http://regulation.revues.org/11463。

③ http://monnaie-locale-complementaire.net，对此进行分析的作品众多，其中有菲利普·德吕代的《将货币创造还给公民社会——迈向为人类和地球服务的经济》，伊夫·米歇尔出版社，2005年。

④ 蔚五海的报告"财富的再思考"于2002年在法国文献局发表后，该团体创建。

⑤ 法国教员互助保险（Maif）、法国工商互助保险（Macif）、合作信贷（Crédit coopératif）以及"支票午餐集团"（Chèque Déjeuner），见www.solreseau.org。

互助）和支持社会救助。财富集体的合作创始人塞利娜·惠特克解释说："作为一座支持创新的城市，图卢兹将一部分的社会救助拨给了'紫罗兰互助货币'（Sols-Violettes），让受惠者们有机会享受他们以前享受不了的服务。"在巴斯克地区，最活跃的区域货币之一巴斯克（Eusko）也发挥着分配社会利润的作用：交易总额的3%被支付给一些协会，同时，巴斯克也会与村庄互助投资基金会（Herrikoa）合作投资一些公益项目[1]。

当然，这些货币的使用仍然处于边缘地位[2]，但这些处于从属地位的货币流动圈却适时地为地方经济注入了活力[3]。在伊萨卡，伊萨卡时间"让居民明白了他们可以支持真正的经济并从中看到结果"，保罗·斯特雷贝尔接着说道。多项研究[4]表明，在当地购物一次可以比在跨国公司为团体多创造3倍财富，为当地多提供3倍的就业机会。事实上，这些公司的运行模式是对地方经济的抽取和榨干，美国社会学家萨斯基亚·萨森[5]接着说道，因为大部分

① 标准为1欧元兑换1巴斯克。沃杰特克·卡利诺斯基的《区域货币——对地方及经济的最初影响已出现》，AlterEcoPlus.fr，2016年7月20日。

② 2015年由让-菲利普·马尼昂、克里斯多夫·富雷尔和尼古拉·默尼耶在法国文献局发表的报告《引领新繁荣的其他货币》表明，2015年法国30多种货币中，平均每种货币有450位使用者以及90位商人或生产者，其流通价值相当于2.6万欧元。

③ 总体来说，真正的经济只占现存货币整体的2%。见"区域补充货币活跃地方经济"，社会互助经济实验室（Le Labo de l'ESS），2016年5月20日。

④ 参见贾斯廷·萨克斯的《钱的踪迹》，新经济基金会及英格兰乡村署（New Economics Foundation, Countryside Agency），2002年，http://b.3cdn.net/nefoundation/7c0985cd522f66fb75o0m6boezu.pdf；B. 马斯，L. 沙勒，M. H. 舒曼，《25%的改变——食品本地化对俄亥俄州东北部的益处以及如何实现》，2010年，www.neofoodweb.org/sites/default/files/resources/the25shift-foodlocalizationintheNEOregion.pdf。

⑤ 《驱逐——全球经济的残忍与复杂》一书的作者，伽利玛出版社，2016年。也可见塞西尔·多马的《萨斯基亚·萨森：我们的经济体系不再吸收，而是驱逐》，《解放报》，2016年2月5日。

在这些公司中消费的金钱都通过股东分红以及离岸流通蒸发了。

塞利娜·惠特克指出，众多影响措施围绕区域货币展开，同时地方政府也对它越来越感兴趣，因为这些货币是"计划地方项目的契机"。在阿根廷，经济学家爱罗沙·普里马维拉于2000年经济危机时组织发行了区域货币"信用"（credito），他支持"数千种不同区域货币的多样性"，既可以通过在当地注入资金以再次活跃地方经济，居民群体对货币的自主管理也通常会促进其他公共经济项目的发展（能源合作社、直接消费模式①等）。

伊萨卡的乔·罗马诺也认为区域货币只是一个阶段："应该超越对地方经济的支持，建立真正的基于所有区域产品的地方经济。此外，区域自给自足的理念日渐深入人心。"罗马诺认为，政府应该让这种转变变得更为容易："设想投资到国家经济中的10%必须投资到地方，只要10%，就能做许多事情：建造学校、帮助企业，所有想做的事情都可以去做。这个目标可以实现，而且能让地方经济重新焕发活力。"

无论是否有这些助力，地方经济都会在金融工具的协同作用中越变越好，这些金融工具由公民社会（道德银行、信用合作社、区域货币、众筹平台以及储蓄合作社）支配。因为即使这些工具不断增多，它们的流通方式依然是分散的，而同时它们的目标一致，并且资助的通常都是同一个地区的创新项目。这种分散性可以防止投资工具达到临界质量或进入当局的视线范围。相反，它们的协调配合更会为区域发展带来可见性、效率以及集体智慧，同时可以在多个领域突出它们的杠杆作用，包括农业转变、能源变革和多产工业的创建。这种参与者和工具之间的协调配合无疑是未来社会的发展方向。

---

① 生产者与消费者直接接触或仅有一名中间人的消费模式。

第六章

能源：走向地方自给

如果太阳能的使用尚未开始，是
因为石油工业没有太阳。

——拉尔夫·纳德

每五个人中就有一个人用不上电，还有30亿人做饭取暖需要靠捡拾柴火和动物粪便，或者购买煤炭和煤油，这些燃料燃烧都会排放温室气体。但能源匮乏的问题是可以解决的：让所有人都用上随处可取、取之不尽的能源——水能、风能、太阳能、地热能、潮汐能，这一解决办法同时也是环境现状所迫切需要的。

目前，世界上只有少部分地区使用可再生能源（EnR），但EnR的发展从没有像现在这么迅速。虽然在不同的国家，EnR的发展速度有快有慢，尤其是考虑到气候的迫切需要，EnR的发展速度确实不够快，但是能源过渡计划已经不可逆转[1]。投资EnR的金额不断刷新纪录——即便设备的价格在持续降低——碳排放量最多的几个国家对此做出了巨大贡献。例如中国[2]，作为该领域最大的投资者以及生产光伏板的世界领导者，在沙漠地区建造了大型光伏电站，同时中国的风力发电已经超过了美国的核电站。印度走的是与中国相同的路线：该国已经拥有亚洲最大的太阳能发电厂，并且在科钦建成了世界上第一个完全依靠太阳能供电的机

---

[1] 见世界自然基金会2016年的分析：www.wwf.fr/?9641/Les-signaux-de-la-transition-energique。

[2] 中国承诺，从现在起到2030年，其可再生能源占一次能源消费的比重将提高到20%（印度承诺到2030年达到40%）。但在此期间这两个国家还是煤炭消费大国，并且非常需要依靠核电。

场，计划到2022年实现100GW太阳能装机目标，同时继续发展其风力发电站。

仅在2010年至2014年间，美国家庭安装的太阳能设备就增加了两倍，太阳能领域的工作岗位增速比其他经济领域快20倍。许多城市（如圣地亚哥、旧金山、阿斯彭、伯灵顿等）预计到2035年实现可再生能源发电完全独立[①]。2004年至2014年间，欧盟的可再生能源发电量翻了一番[②]。德国的设施水平已经提高；葡萄牙有可能实现可再生能源全覆盖[③]；埃克斯的水力发电可以满足其100%的需求，但还在持续建造境外发电站。其他国家紧随其后：乌拉圭超过90%的电力来自可再生能源，哥斯达黎加几乎是100%，并计划在2021年依靠水能、风能及地热能实现碳中立。2013年至2016年三年间智利的太阳能设施增加了两倍，在北部地区生产的电量还有盈余。摩洛哥的太阳能发电站将在2020年成为世界上最大的太阳能发电站（580MW）。

技术在不断革新，这是产业正在转型的标志，已经创造出来的一些具体应用不久就会出现在我们的日常生活中：太阳能屋顶、太阳能玻璃门窗、轻软光伏板、蓄电池、大容量微型风力发电机、可在夜间发电的太阳能发电厂、正能量建筑（主要依靠太阳能的住宅）、利用太阳能进行海水淡化等。太阳能马路在荷兰和美国的试验成功，标志着有可能实现在宽阔的表面（高速公路、自行车道等）进行光伏发电，并使可以发布自动照明信息的

① 太阳能、风能及沼气将会是这些城市能源的主要来源。某些城市会在其中加入一些简单的创新：波特兰在大的水管中装上了涡轮，利用水流发电（参见梅丽莎·彼得鲁齐的《管内水力发电来到波特兰》，Les-smartgrids.fr, 2015年1月26日）。

② 2013年，可再生能源首次超过欧洲其他各类能源的总和，占比达到28%，略微超过煤炭和核能。

③ 2016年，葡萄牙单独靠太阳能、风能和水能发电，可对全国连续供电4天。

智能公路成为可能。

但是这次产业转型的参与者并不仅仅局限于当局和企业：虽然没有大额投资或大型发电站，公民社会在地方能源转型中一直发挥着不可或缺的作用。它在许多工业化国家中引领了一场先锋运动，在当局还在迟疑不决的时候，公民社会都不曾停下脚步。也是公民社会使南部国家几千次能源过渡得以实现，这些能源过渡对村镇来说是必不可少的。在谈论欧洲的公民运动之前，我们先看一下在亚洲，穷人是怎样成为能源独立的重要参与者的。

第一节　发展中国家的创举

印度：赤脚工程师

在印度的小村庄蒂洛尼亚，接近中午的时候天已经很热了。太阳无情地烘烤着屋顶，赤脚踩着的地面也已变得滚烫。但阳光在这里是一种能量。赤脚学院（Barefoot College）是一家普及教育中心，这儿的一切都依靠太阳能运转——照明、电脑、水泵、风扇、牙科诊所以及一间有10张床位的小型医院。来自世界各地的村民就在这儿学习如何"降服"太阳能。

乔伊斯将她的9个孩子和6个孙子孙女留在了肯尼亚，自己来到赤脚学院进行为期6个月的太阳能工程师培训。在她旁边，还有20多个来自尼日尔、毛里塔尼亚、喀麦隆、肯尼亚、加纳和几内亚比绍的妇女，她们围坐在一张堆满电器材料的大桌子周围，学习组装电灯和光伏板。大多数人从没有出过远门，也不懂为她们讲解设备功能的那位印度村民的语言，但这些都不重要，学手艺只需要跟着讲解员的动作来，还可以借助一些简单的电路图，图上每个零件都用不同的颜色做了标记。接下来，只要会用螺丝刀就可以了。

这些妇女知道太阳能照明会改变她们村子的生活。来自喀麦隆的海伦说："我们那儿用煤油灯照明，4盏灯每天要花掉500非洲金融共同体法郎。"这几乎是生活在贫困线以下的一户家庭的全部预算。但是，"晚上做饭、吃饭需要光，驱赶进入屋子里的蛇也需要光。这些太阳能电灯可以为我们照明，我的4个孩子晚上也可以在家学习。"弗朗西斯刚从尼日尔过来，她也说他们家"从煤油灯上省下的钱会花在小孩的医疗和教育上"。除了煤油的开销，太阳能还减少了二氧化碳气体的排放，也让手艺人晚上可以工作到更晚来增加收入。除了电灯，妇女们还安装了太阳能炉子，这样做饭就省去了搬木头的繁重工作，也不会释放二氧化碳。有了太阳能照明，夜校也开设了起来：赤脚学院在印度开设了500所夜校，由3000名在蒂洛尼亚受过培训的教员自己组织。赤脚学院还创建了印度第一家太阳能供电的海水淡化工厂。

赤脚学院的名声很快传到了国外。每年，180位来自非洲、亚洲和拉丁美洲的妇女都会来这儿接受培训，成为赤脚工程师。回到村子里，她们就靠维护光伏设备[1]为生。慢慢地，这些被学院创始人桑吉特·邦克·罗伊亲切地称为"太阳姐妹"或者"太阳妈妈"的妇女将电带到了72个国家，带给了50万人。像蜜蜂传粉一样，她们都纷纷开始培训本国的其他妇女。

---

[1] 运进村里的材料由印度经济与技术合作部（ITEC）资助。

为满足对培训的大量需求，学院在非洲的布基纳法索、利比里亚、塞内加尔、南苏丹和坦桑尼亚开设了6家培训中心。如果某个村子要送村里的妇女去接受培训，会征询所有村民的意见，生活最困难的妇女享有优先权，以便让她们有工作、有收入①。同时，贫困群体可以很好地应用对他们来说已经不再神秘的太阳能工艺，这是最让学院组织者满意的事。组织者之一拉姆·卡兰说："这些以前被认为软弱、没有创新能力的妇女，成为工程师后，形象完全改变了，村民认为她们可以降服太阳能。"桑吉特总结说："这些妇女最终得到了她们应有的尊重。"

罗伊说，2005年，经过学院培训的10位阿富汗妇女为她们国家的5个村子供上了电："只有10个妇女，比在喀布尔设置一个为期一年的国际顾问岗位花费得还要少。"罗伊嘲讽了一句后，又正色道："农村人也可以变得能干，但是社会不允许她们展示自己的才能。不过，如果给她们一个机会，这些妇女就会成为变革的重要角色。一个目不识丁的祖母变成太阳能工程师，这对社会具有重大的启示意义。"

孟加拉国也是如此：妇女以每天安装一千台太阳能设备的速率为村庄供电，这离不开格莱珉银行的能源部门——乡村能源公司（Grameen Shakti）提供的培训②。

---

① 路费、培训费以及设备运输费用主要由ITEC、共同基金会（Fondation Ensemble）以及联合国开发计划署（PNUD）负责。

② 仅在2010年至2016年的六年时间内，安装太阳能设备的家庭数量就翻了一番。（Gshakti.org）

赤脚学院

桑吉特·邦克·罗伊1972年创建的赤脚学院是一家普及教育中心。桑吉特承认他受到了毛泽东、伊里奇和甘地的思想影响。在赤脚学院，每个人都既是老师，又是学生：在"基于平等、尊重、互信"的关系中，每个人都有要传授的知识，也可以从别人那里学到知识，他解释道。

在这里，村民学习在各个领域获得独立——卫生、居住、能源……几百个来自农村地区的印度妇女成为赤脚医生，与医生、护士或助产士一起工作。如今，她们为拉贾斯坦邦的几百个村落带去了基本的医疗卫生服务和卫生教育。其他人则成为教师、信息处理人员、会计、泥瓦匠或者水力工程师。甚至建筑都是由赤脚建筑师用环保材料和环保技术（尤其值得一提的是镂空墙）建造的，这些建筑在拉贾斯坦邦酷热的夏天可以自动适应气候变化。一经培训，每个人都可以将他们的知识传授给其他人，让当地在食品、经济和能源领域实现自给自足。

学院本身也实现了自给自足。除了一处半荒漠地区，学院利用屋顶雨水导流系统，将400m³的水储存在一个露天剧院的地下，实现了水独立。学院将收集雨水的技术普及开来，为印度的800所小学以及埃塞俄比亚、塞内加尔、塞拉利昂的十多所小学送去了饮用水。桑吉特说："甘地曾经说过，知识是问题所在。所有的知识、所有的解决办法都存在于当地。我们只是将它们变为可能。"

通过滴灌菜园，学院同时实现了食物独立。学院的两个校区及分布在其他地方的7个见习中心总共创造了250个工作岗位，信息维护以及账目管理工作都由当地的残疾人负责。在农村失业率极高的背景下，通过在学院销售棉布产品（某些地方实行线上销售，Tilonia.com），学院让拉贾斯坦邦农村地区的纺织业再次兴盛起来。

第二节　独立分散的解决办法

这些农村设施现在广泛流传于非洲南部的各个国家：这些国家一开始用的就是以可再生能源为基础的"离网"（off-grid）策略，而不是试图在偏远地区架设传统电网。在亚洲和非洲，几百万所住宅通过小额贷款、公共援助以及非政府组织的援助安装了太阳能设备。

价格低廉的光伏板的到来和社会企业的增多明显加快了这一进程。在肯尼亚，M-Kopa太阳能公司的合作创始人杰西·穆尔为当地的家庭安装一块太阳能板、三盏电灯、一部电话充电器以及一台太阳能收音机，一天的费用是0.38欧元。这一价格比用煤油灯要低得多，这也就解释了为什么该公司能够获得成功：在肯尼亚、乌干达和坦桑尼亚，使用M-Kopa太阳能设备的家庭每天都会新增500户，并且到2018年用户数量将会突破100万。

印度的哈里什·韩德在美国受过工程师培训，1995年时他就发现了太阳能的潜力，并于同年成立了自己的社会企业塞尔科

（Selco）。自此，他将电带给了20万户家庭、5000个机构以及500所学校。并且安装太阳能的速率还在加快，因为Selco公司直接跟农村银行、非政府组织以及农村合作社协商小额贷款的问题，方便了太阳能设备在农村贫困地区的安装。对普通家庭来说，一年中，一套家庭太阳能设备每月180卢比（2.4欧元），而煤油灯的价格是270卢比（3.5欧元）。Selco公司还研发出了一些实用工具——太阳能电脑充电器、太阳能净水器——并在印度、孟加拉国和缅甸培训了几千个年轻人，目的是在亚洲发展分散的微型太阳能网络，这些网络会作为公共财产，确保街区或村庄实现能源自主。

同时，哈里什·韩德还在班加罗尔的11个棚户区以及市区街道上设置了太阳能充电站：可以在充电站给手机充电或每周在那儿租借太阳能电灯。社会企业——能源站也在非洲采取了同样的做法：在集装箱内设置太阳能移动商店，为塞内加尔、科特迪瓦、布基纳法索和科摩罗的偏僻地区送去电力。根据同样的原理，能源站还建造了太阳能供电的移动冷藏室和水泵。

沼气——尼泊尔的小型乡村革命

为给偏远的农村供电，尼泊尔找到了一个办法，同时还解决了粪便收集的问题。政府建立了几十万个沼气池，供村民将粪便转化为沼气，让他们摆脱了有毒的炊烟。"妇女也不用每天花费三四个小时砍树劈柴了，"项目组织者萨米尔·塔帕说道[1]。粪便甲烷厂让尼泊尔众多农村人口实现了能源独立。同时每年也拯救了25万棵树木，每户每年减少了7.4吨温室气体的排放[2]，减少了国家的石油成本。沼气池加上风力发电和太阳能板，使乡村实现了电力独立。

萨米尔·塔帕指出，该项目虽然不是由公民发起的，但已经在农村地区创造了9000个工作岗位，由110万相关的居民共同管理设备。由于这一分散体系运行良好，尼泊尔已将其发展为南南合作项目：该国派遣专家到非洲、拉丁美洲和亚洲（柬埔寨、老挝、越南、印度尼西亚、孟加拉国、不丹、印度……）的27个国家安装沼气池。他们在越南的乡村创造了30万个维修岗位[3]。

和非政府组织——乡村能源公司在孟加拉国的做法一样，印度也开展了相同的项目，同样是居民共同管理设备。此外，在布基纳法索、埃塞俄比亚、肯尼亚、乌干达、塞内加尔以及坦桑尼亚出现了数千家乡村甲烷厂，将农业残渣转化为电力[4]。

沼气池技术的传播说明发展中国家和新兴国家也开始了他们的能源过渡，还显示出他们比某些工业化国家更主动。这些工业化国家如果实行相同的政策，同样也能够取得成功，尤其是在产

---

[1] 可替代能源推广中心（Alternative Energy Promotion Centre）（www.aepc.gov. np）。沼气池费用的三分之一由政府负责，剩余部分由国际援助，尤其是来自德国和荷兰的国际援助负责。

[2] 纳文·辛格·卡德加的《尼泊尔管道输送生物气体的技术传到国外》，英国广播公司新闻，2011年12月2日。

[3] 萨利姆·谢赫，苏哈拉·图尼欧的《生物气体的涌现改善了越南的农村生活》，警示网，2012年7月4日，www.trust.org/alertnet/news/biogas-surge-easing-rurual-life-in-vietnam。

[4] 该项目在非洲生物气体合作计划（ABPP）的范围内运作，由政府及多个非政府组织管理。

生大量粪便的集中饲养地区。甲烷厂在德国农村地区已被广泛应用，在法国农村地区也逐渐开始发展。而沼气的使用在城市中就比较常见了。里尔市的一部分公交车供电靠的是处理家庭废料得到的沼气。瓦尔德瓦兹省的普莱西斯–加索市也靠沼气供暖：一家甲烷发电厂为电极发电厂的发动机供电，后者又为超过4.1万个家庭提供热水和暖气，石油成本因此降低了92%。

第三节　法国的公民风力发电

法国不是能源过渡中最活跃的国家：它试图投资离岸风力发电和水力发电，但一直落后于其邻国①。也正因为政府动力的缺乏，让一些地方团体有了采取行动的意愿。

2002年，伊尔–维兰省圣–玛丽市的居民米歇尔·勒克莱尔与他的两个朋友———一对莱农夫妇———考虑在他们家旁边建立一个风力发电厂。起初的三个发起人渐渐变为三十几人，这些人于2003年在该省成立了风能协会，并于2007年成立了风险资金公司———"瓦特站"。"瓦特站"将资金充分调动了起来，其中包括创始成员

---

① 落后主要由核工业实力导致。有关能源过渡的2015年的法律预计于2025年将核电部分由75%减少到50%。但环境与能源管理局（Ademe）估计，到2050年，国家的发电能源（尤其是位列欧洲第二的风能）将会实现100%可再生能源，并且价格与核电相同。Ademe的《2050年迈向100%可再生能源发电》研究预计，将所有能源（风能、太阳能、地热能、水能）计算在内，发电装机容量可达1268TW·h，该数字是预计的2050年的年电量需求（422 TW·h）的3倍。

的资金、Cigales三个俱乐部的投资、大西洋岸卢瓦尔省的一家混合经济公司的投资以及后来的共享能源网的支持。

贝冈发电站最终于2014年建成，并分别于2016年和2017年与大西洋岸卢瓦尔省的塞韦拉克和阿韦萨克的两家发电站合作，总计投资4200万欧元。三家发电站的年产电量可满足2.6万户家庭的消费需求，并且电量可以注入法国电力集团（EDF）的电网中，有效时长15年，有赎回费。米歇尔·勒克莱尔总结道："建立协会的时候，我们想建一个风力发电站，进行经济能源活动并逐步扩散。我们做到了。这个不切实际的想法成为现实，同时也表明人类可以重新获得能源。"

几年后，米歇尔·勒克莱尔很快与政府部门进行了面对面辩论——"为风力发电制定规章制度是应该的：风力发电会改变地貌，产生噪声，并影响动物。但是这种过于追求细节的规章会导致工作严重延期"，他同时也强调，这一漫长的过程可以"提升我们的能力，了解风能的技术、法律及经济层面，这些都为工作和集体智慧产生了动力[1]。我们最终成为法国国内的协调人"。事实上，瓦特站建立了一间研究办公室，该办公室与维兰省风能协会共同分担十项任务，并参与法国其他项目的创建。

阿登省、利穆赞地区及曼恩–卢瓦尔省有三十多个在建或已经投入使用的风力发电站，其中曼恩–卢瓦尔省圣若尔热代加尔代市的五个风力发电站为7100户家庭供电。由共享能源互助投资基金[2]支持的一些项目也会为想要改变能源模式的居民提供太阳能、风能、水能或木制锅炉房设备的安装服务。

---

[1] 维兰省的风力发电站在学校组织一些有关可再生能源的宣讲会，同时风力发电站的动员也带动了植树等其他地方活动。

[2] Eolien-citoyen.fr; Energie-partagee.org

不过，米歇尔·勒克莱尔对一些专门用于可再生能源项目的投资参与网站有所保留，因为这些网站"主要支持个体开发人员，公民投资只是零星点缀"。而由瓦特站能源共享与开发支持的项目则是"完全由当地民众享有"，由投资网站支持的项目则不受公民控制："这些项目的管理全部由企业负责，认购股份者只能收到股息。"

维兰省风力发电的经历促进了其他团体的产生，例如米卢斯的公民能源协会[①]，该协会将居民、企业家及公共团体聚集在了一起。乡村发电站[②]也聚集了一批参与者，以成立小型独立项目为目标，乡村发电站已经在许多地区的自然公园（韦科尔、博日山、阿尔代什山区、吕贝龙山区、圣韦朗）成立了同类项目，其目的就是在所有农村地区建立一种可复制模式。

第四节　能源合作社

该领域中最活跃的模式当数能源合作社。在美国，邻居间经常联合起来购买设备，并安装集体太阳能板（太阳能花园）或共同管理风力发电站[③]。这一模式在欧洲也有发展：2016年，已有超

---

① 参见Energie-de-citoyens.com及法妮·巴尔比耶的《将公民变为能源生产者》，梅蒂斯出版社，2015年12月31日。

② 参见http://www.centralesvillageoises.fr。

③ 这些创新模式可见于网站Solargardens.org/directory/。

过65万欧洲公民共同管理11个国家的1240多家地方能源合作社①。
在金融危机背景下，西班牙仍有众多能源合作社诞生，例如赫罗
纳的"声音能量"（Som energía）、巴利亚多利德的"活力满满"
（Energetica）、加利西亚的"我们的能源"（Nosa Enerxía）、巴
斯克地区的"更多能源"（Goiener）以及安达卢西亚的"链条"
（Zencer）。比利时有40多家能源合作社②，合作社在英国发展得
也同样迅速。荷兰也是如此，合作社成员数量有望从2015年的3万
人增加到2018年的15万人③。而2005年创建于法国的能源合作社
（Énercoop）用户数量预计到2020年时突破15万人。

欧洲的例子

居民合作社的规模根据（共同管理太阳能板网络的居民数量
的）街区大小及（管理风力发电站的）地区大小会有所不同。但
如果查看分布图的话，就会发现太阳能板密度最大的国家集中在
北欧（瑞典、丹麦、德国、比利时、荷兰），这一点一目了然。
与公民社会的紧密联系让其中的某些国家在能源过渡中处于领先
地位④。

---

① Rescoop.eu。
② 其中一半的合作社中公民投资已达1亿欧元。
③ 数据来源于可再生能源组织。
④ 2013年消耗的电力中，可再生能源在挪威、瑞典和丹麦分别占比65%、52%和27%（而
  在法国占14%）。见尼古拉·埃斯卡赫的《北欧能源模式并非乌托邦》，LeMonde.fr，
  2015年12月3日。

丹麦的情况尤其如此。这里的居民首先组织起来安装太阳能和风能设备：自2001年开始，超过10万户家庭成为地方合作社的成员，而86%的国家风能安装由这些合作社负责[1]。建在哥本哈根水域的米德尔格伦登离岸发电站在不断扩大，其中50%由合作社的数千名社员所有，另50%归市政府所有。合作社成员数量的增加得益于一条丹麦法律，该法律规定所有风能项目的所有权至少20%归当地居民。此外，丹麦果断加入了能源改革，以期到2050年能够完全摆脱石化能源[2]。

德国也是如此[3]。将太阳能、生物能、风能等所有产电模式结合起来看，2015年，可再生能源已经可以覆盖三分之一的电力消费。对德国的很多可再生能源发电站来说，居民在其中的参与度都可以达到50%[4]，其中包括屋顶的光伏板、地方风力发电合作社和农户建立的甲烷发电厂。

德国的许多市镇也实现了能源独立。例如哈茨山的达尔德斯海姆依靠风能、光伏板、水能及甲烷厂，实际产电量是其所需电量的40倍，为德国50多个类似的项目树立了榜样[5]。巴伐利亚的维尔德波尔茨里德同样依靠5个甲烷厂、光伏板、11个风力发电厂以及3个小型水力发电厂（不包括基于生物能的城市供暖设备或太阳能供热系统），所产电量是其本身所需的5倍。这些设施

---

① 哥本哈根环境和能源办公室。

② 丹麦的电力生产中可再生能源占比已从1980年的3%升至2016年的56%。2015年，风力状况良好的时候，丹麦的风力发电覆盖了42.1%的电力消费，创造了世界纪录。

③ 德国实施的政策是逐步主动摆脱核能。但在实现这一转变的过程中，需要大量依靠煤炭发电站。

④ 专家保尔·吉普表示，公民投资达1亿美元。参见"公民力量——世界风能大会，7月3日—5日，于德国波恩"（www.windworks.org）。保尔·吉普的《风能大全》（Grand livre de l'éolien），导报出版社，2007年。

⑤ 马利斯·尤肯恩的《哈茨山的电力反抗者》，时代周报，2007年10月30日。

主要由居民共同投资，其中牛奶生产商投资了大部分，对后者来说，他们可以同时从中得到能源和经济上的双重利益，因为他们80%的经营收入来自能源转卖①。十余个其他市镇参照的也是这种模式，公民参与和国家鼓励相结合，让德国的太阳能发电量打破了世界纪录②。

---

① 阿芒迪娜·佩罗的《维尔德波尔茨里德——产电量剩余500%的德国小城》，Les-smartgrids.fr, 2014年11月13日。
② 2012年5月25日—26日，德国的太阳能发电量达到了世界纪录——22 GW·h，相当于20座核电站的发电量，几乎可以满足国内一半的电力需求。

能源过渡城市

能源过渡是向可再生能源过渡，并且对可再生能源的消耗也会大幅减少[1]。设想一下，面对全球生活方式的转变，后石油经济将会超越单一能源。作为能源过渡城市的设计者，罗布·霍普金斯认为一座城市中所有依赖石油的设备都是相同的[2]，并由此设计出了一个节省能源的计划，该计划包括为不受到石油峰值（从石油峰值开始，石油产量将不断下降，但价格将不断攀升）突如其来的影响而应该做出的改变，从而向后石油经济平稳过渡。

负责魁北克能源过渡的协调人米歇尔·迪朗解释说，能源过渡要求"重新审查所有现存的运行模式"。石油枯竭意味着必须减少运输；不过，"正如一半的美国人住在郊区并且不搬家一样，要通过在住宅小区上下功夫来改变出行方式"。重新规划工作—居住以及生产—消费之间的相互作用，可以缩短路程，最终通过可持续交通系统（步行、骑车、绿色能源车辆、车辆共享）就能到达所有地方，因此我们的目标是走出为汽车设计的文明。

---

[1] 依靠生活方式或技术的改变而节能的概念被称为"负瓦"（négawatt）（见Negawatt.org）。

[2] 参见罗布·霍普金斯的博客：http://transitionnetwork.org/blogs/rob-hopkins，他所著的《变革手册》（金风，2010年）以及网站Transitionfrance.fr。

地方农业也在同样的原理下成为食物供应的主要来源，包括大量的家庭自产以及实行直接消费模式（维护农家农业协会、农产品市场、小型合作社）的地方生产。同时垃圾的完全回收、雨水利用、财产和服务的地方交换系统以及区域货币也应纳入考虑的范畴。

2006年，英国托特尼斯镇的居民首先实行了这一方案，随后，欧洲、加拿大及美国的1200多个城市的居民也开始实行这一方案。该理念在各个生活区、居住区以及交通区的应用更加广泛，包括街区、乡村和市郊。自此，这一方案得到了众多地方政府的支持，因为后者已经明白未来属于在这个变革时代中抢占先机的人①。

---

① 参见电影《变革2.0》(In Transition 2.0) (www.intransitionmovie.com/fr/)。

联合新能源

　　和德国一样，众多欧洲小城也开始了能源过渡。法国以前的矿镇洛桑戈埃勒通过居民参与实现了能源独立。该镇在废料堆下建了一座光伏发电厂，在屋顶上安装了太阳能板，建造了6个风力发电站，随后还发起了许多绿色建筑计划（新型高效能源福利住房以及旧住宅热网改造）。为鼓励创新领域在绿色经济中的发展，该镇还成立了一家绿色企业发展中心[①]。

　　以社区为单位，能源过渡最成功的一个例子就是伦敦南部的贝丁顿零能耗发展社区（BedZED）。这个集住宅、办公、商业为一体的绿色社区的电和热水由一座沼气发电厂供应，实现了碳中立。每一所住宅都安装了光伏板，且配备的电气设备均为低能耗设备。无源材料及最大隔热材料的使用减少了90%的供暖。雨水的收集、废水再利用、地方供应食品及绿色出行方式（自行车、绿色能源车辆、汽车共享）都促进了碳中立的实现。贝丁顿零能耗发展社区也因此在能源过渡领域成为典范[②]。

　　然而在所有区域中，不与陆地电力网相连且风力不断的岛屿简直像是为能源自给自足量身定制的。西班牙加纳利群岛的耶罗岛使用的是一套混合系统：柴油发电厂加上风力–水力发电厂，其中后者发电量可满足7000位岛民的需求。"该发电站由五台风力

---

① 参见http://www.loos–en–gohelle.fr。

② 参见http://www.energy–cities.eu/db/sutton_579_fr.pdf。

发电机构成，这些发电机同时可以抽水。并且因为两个储水池的高度差足够大，风力不足时，就由四台水电涡轮机发电。"25年来一直为耶罗岛的可持续发展工作的水文学家阿兰·吉奥达介绍说[1]。一旦风力足够，风能又会将低位储水池里的水抽到高位的储水池中，循环得以重新开始。通过这个系统，耶罗岛从2016年开始已经实现了几十天的能源独立，让热电厂成为过去时，最终热电厂只有补足的功能了。耶罗岛的另一个特色是地方能源管理。阿兰·吉奥达补充道："计划起初是由当地的工程师发起的，这些工程师在一个政治和能源独立项目中被选出，该项目于1979年投票生效。""风力–水力发电厂提供了三十几个工作岗位。一家耶罗岛持股66%、加纳利持股11%的混合能源经济公司将大部分向西班牙电力网出售可再生能源获得的收入都留在了岛内。"

丹麦的萨姆索岛通过陆地及离岸风力发电站、太阳能板、木材和沼气发电机实现了暖气、热水及电力的自给自足。这些能源的使用减少了岛上近140%的碳足迹[2]。岛上的能源过渡由岛民自己决定并实施：当被政府问到他们是否对可再生能源感兴趣时，众多岛屿中只有萨姆索岛的居民立刻给出了肯定回答，并以个人或集体的名义，加上国家和欧洲的资助，自己购买了设备。他们的投资很快得到了回报，因为岛上将所产电量中多出的几百万千瓦时销售给了丹麦其他地区。这些设施加上隔热房屋及雨水收集，让萨姆索岛成为世界上能源自给自足的典范。

其他岛屿，例如赫布里底群岛的埃格岛和吉厄岛以及苏格兰的奥克尼群岛都通过水电和风电实现了能源独立。英国的怀特

---

[1] 参见阿兰·吉奥达的博客Climat'O: http://blogs.futura-sciences.com/gioda。

[2] 罗宾·麦凯的《能源充足的岛》，《观察家报》，2008年9月21日。

岛[①]、爱尔兰的阿兰群岛[②]、葡萄牙的马德拉群岛、留尼汪岛、图瓦卢群岛、佛得角、塞舌尔群岛以及夏威夷群岛也是如此。新西兰和冰岛几乎已经实现能源独立。

第五节　能源分散模式

这些相近的过渡模式为在更大范围内设想后石油时代打下了基础。美国的众多专家认为能源过渡应该通过重组电网以造福地方，并由民众负责能源的生产及分配（能源众包）。现在的理念不再是分配国家大电网上的单一能源，而是建造结合多种可再生能源的地方能源生产中心。数千个能源中心可以让其所在地区实现电力和供暖独立[③]，国家电网只会成为仅在需要时才会连接的第二能源供应源。美国能源部[④]在一次报告中已经提及了这一方案，并从中找到了保证国家能源独立及经济脱碳的关键。

这一方案模仿的是合作经济，每个能源中心都会将多余电量

---

① 怀特岛试图通过风能、水能、太阳能、热泵及沼气泵将能源独立与食品和水的自给自足以及垃圾回收相结合。汤姆·福斯特的《怀特岛：自给自足的典范》，绿色未来杂志，2012年3月1日。

② 阿兰群岛预计借助一家地方合作社于2022年实现能源独立。

③ 克里斯·内尔德的《能源众包改革》，《智慧地球》，2011年11月16日，www.smartplanet.com/blog/energy-futurist/crowdsourcing-the-energy-revolution/192。

④ N.卡莱尔和J. 埃林，T. 彭尼的《可再生能源社区——关键因素》，美国能源部国家可再生能源实验室，2008年，www.nrel.gov/applyingtechnologies/statelocalactivities/pdfs/recommunity.pdf。

分配到邻近地区的区域电网上。德国某些市镇已经开始运用这一模式。在纽约面世的微型电网为住宅区提供了参考：布鲁克林微电网（Brooklyn Microgrid）的成员既是电力生产者，同时也是消费者和销售者，因为他们会将多余的太阳能电量销售给街区其他居民[1]。社会展望学家杰里米·里夫金将该模式视为"第三次工业革命"的基础[2]，到那时，数百万居民都会成为能源生产者，并且可以通过智能电网交换多余能源。

这种新的能源地理显然离不开政治的推动，但在地区或城市能源中心的组织以及设备的集体管理中，公民社会的参与也起着决定性作用。这一分散模式部分由工业化国家的公民合作社发起，它同时也可以像赤脚学院或社会企业安装的设备那样，在南非国家与村庄微型设备中心的组织结合在一起。

---

① 法妮·勒雅纳的《布鲁克林——微电网让当地居民共享可再生能源》，Les-smartgrids.fr, 2016年3月21日。

② 杰里米·里夫金的《第三次工业革命——新经济模式如何改变世界》，LLL出版社，2012年。

循环经济

目前的经济对应的是线性模式——人类通过汲取自然资源来生产产品，消费过后就将其扔掉。循环经济理念中则不再有自然资源的开发，也没有垃圾的丢弃；相反，材料和能源会被循环利用。一家工厂的废料（气体、液体及固体）会成为另一家工厂的能源或原料。同一家工厂产出的废料（废水、蒸汽、有机残渣等）又可以为另一家工厂提供能源，以此类推。材料和能源在一个闭合的圆环内循环，不再或几乎不再产生废料。丹麦的凯隆堡建立了第一个这样的工业共生系统，减少了二氧化碳的排放，降低了生产成本。

这种新型的水平交换结构再现了生态系统（一切都被循环利用，没有任何浪费），减少了自然资源的开发，创造了新的工作岗位。这种结构以循环经济的名义得到了艾伦·麦克阿瑟基金会的支持，同时又以蓝色经济的名义得到了零排放研究创新基金会（ZERI）的创始人——甘特·泡利的支持。中国、印度、巴西等新兴经济体已经提前着手筹划这种新的能源生态系统。

第七章

合作模式

劳动不是商品。

　　——《费城宣言》，1944年在国际劳工

　　大会上由182个成员国签署

　　合作社，1844年诞生于英国矿业小镇罗奇代尔的这一理念在高科技经济时代似乎已经过时，其实一直与时代息息相关。这种面向集体利益的工作组织形式（联合国也是由于这个原因才支持合作社）同样表现出活力、创新力、稳固性以及现代性，这四点使之成为一种可信的经济模式，并在当今社会获得了一席之地。

　　合作社是一种财富或服务生产机构。在该机构中，员工是资本的共同所有者和共同决策者（一人一票），他们可以共同选举领导人，且后者要对前者负责。一部分利润必须重新投资到企业的发展中，另一部分则以公司盈利的形式发放给员工，即合作社社员。经社员同意，合作社可以本着对团体负责的精神支持外部活动。

　　放眼全球，250万家合作社共雇佣了2.5亿名员工[①]，其中既有中小型企业，也有跨国公司。10亿人既是合作社的成员，同时又是员工、消费者、物主、租户或者储户。在英国，2015年时合作社成员人数为1750万，这是一个创纪录的数字（5年内增加了230万）。在美国，3万家合作社雇佣人员达200万。在这些合作社中，900家电力分配合作社连接着超过4200万的用户，同时有1亿美国人加入

---

① 这一数字是美国跨国公司全球职工人数（2011年为3450万人）的七倍。这一国际合作社联盟估计的数字还在增长，2012年时达到了1亿（www.ica.coop）。

了信用合作社，即公民储蓄合作社。在法国，2.1万家合作社的员工达100万人，几乎相当于意大利的4.2万家合作社。在日本，数百家合作社为大学生提供保险、医疗和住房服务。鉴于合作社的重要性及其奉行的价值观，这种模式值得认真考虑。

第一节　阿根廷的工人自主管理公司

布宜诺斯艾利斯。南半球的初秋，四月的天气很温和。在庞贝区，奇拉维特印艺印刷厂的门面向街道大开着，工厂内部像一个蜂箱。两台轮转印刷机满负荷运转着，一台机器在给书本配页，有规律地发出清脆的金属撞击声，工人们负责将纸箱装进卡车。这里充满了油墨、纸张和机油的味道。然而几年前，工厂还处于戒严状态，街道上弥漫着的，是警察发射的催泪瓦斯的气味。

2002年，阿根廷遭遇了严重的金融危机。无力偿还外债加上经济衰退，国家要依靠国际货币基金组织的贷款才能勉强维持，而后者还要强加一些条件。自1999年以来，7项紧缩计划已经使公共开支得以减少，并使劳动力市场变得更加灵活，随后，社会机构解体，公共服务业私有化，超过10万名公务员被解雇。尽管阿根廷的危机很严重，国际货币基金组织还是拒绝向阿根廷新增贷款，后者不得不宣布破产。工资不再发放，53%的人口在贫困线上挣扎，失业率高达25%，通货膨胀使购买力降低了50%。失业的工人和教师只能通过拾荒才能生存下去。对政治阶层的愤怒引发了大规模的罢工、骚乱和游行（人们拿着平底锅在街上敲打）。民众为了获取食物哄抢超市的现象也时有发生。在这种暴动的环境下，政府宣布进入戒严状态。

"那场混乱波及甚广，大家首先要活下去。"印刷厂的员工埃内斯托·冈萨雷斯说道。成千上万的员工眼看着自己所在的公司倒闭，他们可能在某天早晨突然发现，一夜之间，老板已经把工厂清空，卷铺盖走人了。印刷厂员工的境遇就是如此。几十名员工被解雇后，剩下的8个人得知老板要卖掉轮转印刷机，把一切都廉价处理掉。于是，为了留住工作的工具，他们占领了印刷厂。跟几百家其他企业一样，印刷厂2002年春天的口号是"占领、抵抗、生产"。但强力镇压随之而来：多数企业的水电被切断，警察试图把工人赶走。印刷厂的工人们紧闭大门——"整整8个月，我们都是从墙上挖的一个洞里进出的，洞就在那边。"埃内斯托指着墙上以前的一处缺口笑道，现在那个缺口已经被堵上了。

占领企业的浪潮在全国引起了广泛的支援。庞贝区的街坊邻居、退休人员和大学生召开人民大会以支持印刷厂的员工。员工的家人靠互帮互助维持生活。埃内斯托回忆说："这场社会动乱的关键在于街坊和其他工人的支持。"

2002年年底，印刷厂的工人获得了法律批准，以合作社的形式重新掌管印刷厂。埃内斯托的两部电话不停地响起，他一边接电话一边说："那时我们什么都要自己做，包括找客源、整理订单和账目。计算成本的时候搞错了，就得重新再来。虽然钱来得很慢，但至少我们在赚钱，而且大家赚到的都一样多。"路易斯·阿尔贝托·卡罗是一位律师，他为120家企业的恢复提供法律支持，同时是一家企业协会①的主席，他总结说："对这些企业员工来说，获得尊严和独立，得到平等对待而不论年龄或资历，这

---

① 员工自主管理公司国民运动。

才是革命性的。"

　　印刷厂的职工人数从8人增加到了12人，同时还和一家文化中心合作，这家文化中心负责组织辩论、电影放映和卡通制作，现在还负责与支持他们的社区联系。同印刷厂一样，阿根廷35%的工人自主管理公司，会举办面向其社会环境的文化活动[①]。印刷厂全年都会接待大学生、记者和研究员，因为该厂还保留着救助企业的国民运动的档案。

　　工人自主管理的公司只占阿根廷合作运动的一小部分[②]，但这些公司"为经济重建做出了贡献"，管理吉尔高公司（Ghelco）的丹尼尔·洛佩兹说道，吉尔高公司是布宜诺斯艾利斯第一家合法的员工自主管理公司。2008年的经济危机引发了另一次重振公司的热潮，员工自主管理的公司目前已涉及各个领域：药店、医院、学校、面包店、传媒、超市、纺织厂、冶金业以及化工业。其中一些公司还不够稳固，需要政府扶持，但大多数都运行良好。2003年，布宜诺斯艾利斯的宝恩酒店（Bauen）变为合作社模式，雇佣员工150人，还开了一家时尚咖啡馆。路易斯·阿尔贝托·卡罗说，联合和力量冶金厂（Union Y Fuerza）的员工人数翻了一番。

　　从阿根廷合作模式的兴起可以看出，即使处于崩溃的经济中，成千上万的人也可以重新掌控自己的生活。员工自主管理表明了"那些被宣判死刑的公司如果用另一种方式管理的话，还能成活：财富重新分配，建立人民需要的经济"，路易斯·阿尔贝

---

① 《员工自主管理公司第三次调查报告》（ERT），布宜诺斯艾利斯大学哲学和文学系，2010年学院开放计划。
② 2013年，员工自主管理的公司有350家（2.5万名员工）。目前阿根廷有近1.3万家合作社，雇佣员工人数达23.3万。

托·卡罗补充道。

　　巴西的数百家企业也在20世纪90年代变为员工自主管理模式。自1994年开始，这些企业的国家联盟[1]开始支持振兴倒闭的公司以及在条件差的街区创建小型合作社。

第二节　一个生机勃勃的领域

　　与现有观念相反，合作社的共同管理性质并不会限制其反应能力。"合作社和其他企业一样，服从市场约束，但他们的不同之处在于，合作社的成功离不开员工的参与：员工认为公司与自己息息相关，所以决策做起来会更快。"帕斯卡尔·考斯特–沙雷尔说道。帕斯卡尔是德龙省圣瓦利耶镇一家企业——塞拉莱普（Ceralep）的总经理。该企业之前被一家社会保障基金宣布破产，但2004年又由该企业的52名员工以生产合作社协会（Scop）的形式重新开办了起来，并逐步发展至今。

　　在法国，只有一小部分的Scop和Scic（集体利益合作社协会）是以这种形式重新崛起的，其他公司有的白手起家，有的由公司创始人转让给员工。但这些公司的创建速度比其他企业要快得多[2]。这些公司经营范围广泛——从建设和公共工程（BTP）

---

① 工人自主管理公司国家联盟（Associação Nacional de Trabalhadores e Empresas de Autogestão）。

② 2014年至2015年增加了6%，其他企业增加了4%。15年间Scop和Scic的数量翻了一番，由2000年的1426家变为2015年的2855家，公司员工数量也从3.2万变为5.1万。

到电影及电子游戏的生产——丰碑满满，例如遍布九个国家的
"支票午餐集团"以及纺织纤维回收的法国领导者——驿站公司
（Relais）。

尽管如此，合作领域并非处处美好。甚至很难将合作银行或
超市与它们的商业同类区分开①，因为全体会议只能吸引少量会
员参加，合作社的内部民主通常也会打折扣。同时，合作社的发
展壮大也会模糊最初的创建理念。世界上最大的合作集团蒙德拉
贡（Mondragon）1955年创建于西班牙巴斯克地区，虽然该集团现
在还保留着一些社会使命（信用合作社、社会保险），但它已经
变成了一个拥有289家公司的国际控股集团，其中只有一半还保留
着合作性质。虽说8万名员工中有一半还是合作社成员，但是迁移
到波兰、罗马尼亚、印度和中国等国家的众多工厂的员工却不是
了。

但是很多反例也表明，在不失去完整的合作性质的同时，合
作社也可以达到较大的规模。1900年成立于加拿大的第一家金融
合作集团——加鼎银行（银行、信贷、保险）一直宣称要改善
560万集团成员的经济和社会生活。加鼎集团每年都会将一部分
利润（几百万加拿大元）分给集团成员、人道主义协会、文化
协会、环保协会、其他合作社、获得奖学金的学生以及一些教育
项目。

合作社面临的挑战是在发展的同时仍然忠于自己的价值观。
因为正是在经济体系出现问题时（尤其是危机时期），合作社的
原则才会发挥作用。按照历史规律，合作社在经济动荡时期（例
如1840年英国经济危机、1929年的大萧条以及2000年阿根廷金
融危机）总是能够得到恢复。20世纪90年代初，芬兰在高失业率

① 菲利普·弗雷莫的《新型合作？社会经济及互助经济调查》，清晨出版社，2011年。

时期依然支持创建了1200家合作社，以创造新的就业岗位。在受2008年经济危机重创的西班牙，2013年仍然有950家合作社诞生（一年时间增加了23%），因为人们认为在这种环境下投身合作社更为安全可靠。

　　国际劳工组织指出，实际上，合作社在危机时期更易存活：最初几年，它们的存活率比其他企业要高[1]，"存活时间也相当可观"[2]。首先，因为资本的水平分配以及面向长期的管理。其次，因为合作社的收益不会流向领导层的高薪或外部股东的酬劳，而是重新投资到企业中。此外，更加收紧的工资梯度可以使资本自由化，方便投资，社员的资本可以流通，而不用向银行贷款。最后，国际劳工组织强调，该领域的社会参与精神让其在"创造工作岗位、员工重返以及救助企业"方面都发挥了一定的作用[3]。

第三节　消灭贫穷

　　如果说有一家合作社完美地诠释了这种社会使命，那一定是里加（Lijjat）了。要到印度的经济首府孟买才能了解它的历史，在那儿，百万富翁的新住宅并不会让人遗忘那些在发展中失败的

---

① 在法国，危机过后3年，一家Scop的存活率是74%，而一家传统企业的存活率为66%。
② 约翰斯顿·伯查尔和卢·哈蒙德·凯蒂尔森的《合作商业模式在危机时期的恢复力》，国际劳工组织，2009年（www.ilo.org/wcmsp5/groups/public/---edemp/---empent/documents/publication/wcms108416.pdf）。
③ 同上。

人：78%的居民住在贫民窟。

1959年，七个贫穷的妇人认为她们可以通过在市场上卖炸饼（小扁豆粉做的薄脆饼）来养活家庭。她们很穷，需要向亲戚借钱买面粉。不过炸饼卖得很好，她们可以用赚到的第一笔钱买第二天需要的面粉。在几个月的时间内，她们的产量增加了，也有了老顾客，还有其他妇女加入她们的行列。随后她们开始实行合作社模式，并宣布如果此法行得通，她们以后只雇佣贫穷的妇女。

如今，里加是世界上最大的妇女合作社，员工人数达4.4万。合作社所在地在孟买，业务繁忙，几百名员工往返于办公室和储藏室之间。但该企业的目标自其成立之初就不曾变过：为贫穷的妇女提供就业机会，推动社会进步。甘地的肖像摆在大会议室的醒目位置，受他影响，里加的创始人同样拒绝不平等及种姓等级差异：所有的员工都以"姐妹"相称，这样会有一种"大家都是集体中一员"的感觉，管理人之一艾琳·阿尔梅达解释道。同时，所有人对账目和内部规定都享有投票权及否决权，内部规定要求通过对话的方式共同解决问题。21位轮流管理合作社的妇女均由选举产生，但如果她们没从底层做起（做炸饼）的话，是不能担当领导职位的。

为保证农村地区的就业，炸饼的生产采用分散模式。妇女在家里工作，每晚会有人上门收集她们做的炸饼，并支付工资：这样她们就有了稳定的经济来源，而不用依靠自己的丈夫。她们每天的收入至少是120卢比，高出贫困线6倍，同时作为合伙人，她们每年得到的分红比两个月的工资还要多。所有人都可以上扫盲班，享受医疗服务，她们的孩子可以拿奖学金，如有需要还可以享受个人贷款。里加始终奉行的道德准则让它赢得了多个国家奖项，其社会形象深入人心，它的口号"里加，妇女力量的象征"也为消费者所熟知。

里加合作社发展势头良好，收益逐年增多，雇佣员工的数量也在不断增加。里加在印度有85个分支，其产品出口到世界各地，但它依然奉行自己的原则，拒绝分包、特许经营或工业合作："我们的工作模式很简单，不想采用跨国公司的模式。"主席斯瓦提·R. 帕拉德卡总结道。但这并不妨碍里加证明一家企业可以在盈利的同时，为商业领域带来巨大的社会利益。除了合作社，还有哪个组织可以为4.4万位目不识丁的女性提供工作，同时让她们参与合作社的管理？

第四节　独立的工具

摩洛哥的130家坚果油（又称阿甘油）妇女生产合作社同样成功让女性摆脱了贫困，在完成这一社会使命的同时，这些合作社还取得了生态方面的成功：它们为阻止砍伐森林及再掀阿甘树种植热潮做出了贡献[1]。

坐落在阿加迪尔的迪沙利维纳是合作社联盟中的一家，这个联盟养活了1300个生产者[2]。负责人之一杰米拉·伊德布鲁斯说："20世纪90年代的时候，妇女早上5点就要去山里采摘阿甘果，但去市场上卖阿甘油的却是男人，所以最终钱都在男人那里。如今

---

[1] 塔鲁丹特和索维拉之间的阿甘树林覆盖面积达87万公顷，阿甘树根扎得很深，可以维持一种独特的生态系统，它们如今受到保护正是因为这种生态价值。

[2] 阿甘油生产及商业化妇女合作社联盟（UCFA），由26家合作社组成。

她们还是采摘阿甘果并且榨成天然油，但现在她们获得了独立，可以把钱用在自己和孩子身上。"按照每升200迪拉姆（18欧元）来算，"她们每月只要生产11升阿甘油就可以达到摩洛哥最低工资标准"，但多数人每个月的产量可以达到50升。

摩洛哥的妇女合作社生产的阿甘油虽然只占20%，但这些合作社为妇女提供了一份稳定的收入，这才是最重要的。杰米拉解释说："她们以前单独制造阿甘油的时候，一直生活在穷困之中。没有合作社的集中，她们不可能跟其他国家签订合同，而后者是阿甘油的主要销路。"迪沙利维纳每月生产的3吨阿甘油经过欧盟有机认证（ECOCERT），80%都出口到了欧洲和加拿大。这些妇女的工资加上每年的分红，让"农村地区1000多户家庭能够有尊严地生活，农村没有多少工作机会，许多阿甘油生产者都是单身女性或寡妇"，如果没有这些收入，她们的孩子就没钱上学。

仅靠合作社本身并不能减少社会中所有的不平等，但世界上的穷人中70%为女性，对她们来说，合作社是一种可靠的获得独立的方式。在尼加拉瓜，桑地诺城的一些妇女离开了她们开发的纺织厂，创建了一家服装合作社——"新维达"，该合作社通过公平交易出口用天然棉花制作的服装。此类独立自主的例子遍布世界各地，例如南非祖鲁妇女手工合作社和撒哈拉沙漠南部地区的非洲乳木果油合作社或咖啡合作社，这些合作社让妇女有了收入，还可以上扫盲班。

在整个非洲，合作领域已经成为创造就业岗位的一种可靠媒介。在肯尼亚，合作社为国内生产总值贡献了45个百分点，雇佣人数达25.5万，占国家储蓄的31%、咖啡市场的70%以及棉花市场的95%[①]。在整个非洲大陆，合作社为家庭带去了足够的收入，让

---

① 数据来源于国际合作社联盟（Alliance coopérative internationale）。

孩子可以接受教育；它浇灌了真正的低利率信贷经济，组织食物配给，同时巩固了公平贸易渠道：这些都是减少贫困的方式[1]。在印度，同样也是合作社让该国成为全球第一大牛奶生产国。成立于1946年的"阿莫勒"是其中的一家，它让农民摆脱了中间商，让300万小农能够体面地生活。

第五节　合作领域的扩展

几十年来，尤其是2008年金融危机以来，合作社有了显著发展，这种发展主要体现在两个方面：一方面，合作社扩展到了新的领域；另一方面，合作社引起了合作生态系统的诞生。

合作社最初发展起来的一些领域（农业、银行、保险、配电），已经有了较大的规模，在其他类似住房[2]、旅游或交通等领域，合作社数量也在不断增多。在可再生能源领域，越来越多英美国家的太阳能和风能消费者组成了合作社。在农业领域，全球的合作社数量也在不断增加，有些合作社规模并不大：其中有的是当地的农场，例如由290位农场主和消费者共同管理的德国弗里堡花园合作社[3]。在医疗方面，有医疗保险的国家也因合作社的社

---

[1] P. 德韦尔泰，I. 波莱，F. 万亚马的《合作走出贫困——非洲合作运动的复兴》，国际劳工组织，2008年。

[2] 参看相关章节。

[3] 《花园合作社，一座由农民和消费者自主管理的互助农场》，Bastamag.net，2014年11月7日。

会补贴质量而特别鼓励其发展[1]。合作医院在美国、加拿大、印度、尼泊尔、澳大利亚等国都有开设[2]，且每个机构都有一个共同准则：患者是他们自己的健康的参与者。

在英国，教育领域成了合作社发展最为迅速的领域：仅在2012年至2015年3年的时间内，合作小学和合作中学的数量就从150家增加到834家，并且在采取合作模式的学校，学生考试成绩都有了明显提高。这一成功离不开合作学校的教学理念、民主观念（老师、学生、家长以及整个社区都参与学校生活）以及学校让少数民族学生融入的能力。美国、加拿大的趋势也是如此。在纽约，布鲁克林区目前有多所合作小学和幼儿园，这些机构由家长共同创建，他们想要自己的孩子得到充分发展，在协作的教学环境下成长[3]。但正如阿根廷的工人自主管理公司一样，合作精神并没有止步于教育机构：它体现了群众更为广泛的动员力量，不管是想要改变工作、能源还是教育模式。有时还可能会探索出更多东西。在韩国，一家合作小学甚至成为整个街区的变革中心。

1994年，麻浦区（位于首尔）当地的一个居民团体成功阻止了政府对当地山林的砍伐。于是团体成员一鼓作气，决定共同建立一所合作幼儿园。随后这些对教育制度不满的家庭于2004年建成了首尔第一所合作小学。在城媚山小学，学生学习数学、绿色农业、生态住宅和音乐课程，同时还有全社区（农民、泥瓦工、

---

[1] 在43个国家，超过4900家医疗合作社的会员人数至少为8100万（http://ihco.coop/2015/02/03/map-of-health-and-social-care-cooperatives-worldwide/）。

[2] 印度：www.cooperativehospital.com/, www.cooperativehospital.in/；美国：www.rhodeislandhospital.org, www.ecchc.org/, www.ghc.org/；加拿大：www.coophealth.com/；澳大利亚：www.nhc.coop/。

[3] 参见http://thecoopschool.org/; http://oldfirstnurseryschool.org/;www.brooklynfreespace.org/home.html。

音乐家等）参与的实践课。这所乡村学校的教学法由全体成员共同制定，并且取得了成功，韩国其他地区的学校也纷纷效仿[1]。但探索还没有结束。多年来，城媚山街区已经变成了一座"乡村城市"，一个居民互助社区。居民在这儿建立了绿色产品销售合作社、绿色餐厅、咖啡馆、四所托儿所、地方合作储蓄银行、合作住宅以及老年服务设施。"城媚山精神"在首尔各地传播开来：首尔目前拥有二十多个乡村城市，市政府建了一处事务所，用于与这些改变了数千居民生活的街区运动进行交流协商。

在美国，年轻一代在众多城市（明尼阿波利斯、西雅图、纽约、波特兰……）以合作的形式建立了面包店、小型绿色超市、咖啡馆、餐厅和共同工作空间，甚至提供托婴和家庭清洁服务。这些机构的合作特点和平均主义吸引了年轻的企业家，合作企业孵化器几乎遍布国内各地[2]。众多城市紧随其后：2015年，麦迪逊投资500万美元支持合作领域，纽约投资了120万美元，这是前所未有的。

在欧洲，年轻企业家开始求助于职业合作社，希望后者能在创业初期给予他们支持。法国的名誉合作社（Coopaname）就是如此，这里的几百位自由职业者（摄影师、园林设计师、记者、计算机编程员等）通过上缴一定的费用（他们所获毛利润的11.5%），就可以享受专业指导，享有社会保障以及受雇佣的企业家的身份，还可以负责行政工作。名誉合作社在法国开设了很多中心机构，但它不单单是一个企业孵化器，而是"一个职业互助会，这个互

---

[1] www.sungmisan.net, 游昌福的《城媚山村以社区生活的形式授课》，高丽亚娜，第26卷，2012年6月；威尔弗雷德·迪瓦尔的《韩国的乡村城市城媚山》，巴黎城，2015年11月19日。

[2] 纽约的布朗克斯合作发展计划、旧金山的阿里斯门迪面包房、奥斯汀的德克萨斯合作社、奥克兰的普洛斯佩拉等。

助会可以减少自由创业的风险，提供总体平衡，包括个人跟踪、全年信息平台、材料共享、共同工作小组和集体决策"，合作社的特派员拉法埃拉·通塞利解释道。

她表示："自2008年金融危机以来，职业合作社发展迅速①。"例如比利时的互助团体斯玛特（SMart），是一个由欧洲的6万名艺术家和戏剧专业人员组成的互助团体。美国目前已有自由职业者5300万，到2020年将占就业人口的50%。这些自由职业者的工会联合会——自由职业者联盟（Freelancers Union）几乎扮演同样的角色②，即为他们提供专业指导和公共社会保障。为鼓励这种具有工资制和独立工作双重优势的组织形式，名誉合作社与其他合作社，"奥克萨里斯""大联合""工作媒介"和斯玛特集团在法国的分公司联合了起来，由此诞生了第一个职业联合互助会，这个被称为"好家伙！"（Bigre!）的互助会在法国共有社员7000人③。

这种生态系统形式的组织是当今合作领域的第二大发展方向。前面已经有合作社与贸易领域的结合，例如西班牙的蒙德拉贡以及英国合作集团（农场、超市、药店、旅行社等）。但这次要建立的是合作社之间新的协同作用，让集体智慧系统化。例如意大利和瑞典的乐玛特网（Le Mat）④由18家社会合作社组成，后者以慢旅游的形式围绕居民住宅和相近领域发展出了不同的旅游机构，乐玛特的这种协同作用已经创造了3000个就业岗位，就业

---

① 法国的职业合作社都集中在网站www.cooperer.coop/上。

② 非赢利性，非合作性。

③ 名誉合作社和奥克萨里斯还创建了手工制造合作社，该行动研究机构支持各种形式的团体（企业、用户团体、公民群体、协会）向合作社转型。

④ www.lemat.it; www.lemat.se。乐玛特是欧洲文化合作之路（Route européene de la culture coopérative）的成员：www.cooproute.coop/。

人员中包括失业者和残疾人。

完整合作社（CI）组成了另一种生态系统，其目的是加快"向后资本主义社会的过渡"。CI的目标是建立一个独立、生态、递减的经济模式，让所有生产方式和交换方式（直接消费模式、合作社、地方交易系统、众筹、物物交换、区域货币等）共同发挥作用。第一家面世的是巴塞罗那的加泰罗尼亚完整合作社（CIC），这家自主管理的合作社领导多家合作社的活动，其中包括社会住房合作社（低价住房）、医疗中心、网络自筹资金系统（Casx）、非传统学校、由居民和社会食品杂货店组成的地方产品供给中心，还有既是微观装配实验室又是修理厂的"马库斯"（Macus）。CIC同时还帮助一个手工业者群体发展传统经济以外的活动[1]。在巴塞罗那共有数千人通过CIC实现了独立自主，CIC的理念是不断扩大自给自足的领域，直到实现公共领域和私人领域的全部解放，CIC称之为"完整革命"[2]。西班牙的巴伦西亚、马德里等地区[3]和法国的图卢兹[4]也有完整合作社出现。

---

① 埃马纽埃尔·丹尼尔的《既不是资本主义也不归国有——完整合作社在巴塞罗那蓬勃发展》，大地报道，2015年5月18日。

② 西班牙的一家公共基金会中，自主管理的合作社和社会中心联盟与CIC的理念类似，为建立基于自主管理和资源共享的社会项目而工作（Fundaciondeloscommunes.net）。

③ 合作社在Integrajkooperativoj.net网络内部交换。

④ 埃马纽埃尔·丹尼尔的《在图卢兹，完整合作社为后资本主义做准备》，大地报道，2013年10月7日。

第六节　另一种经济的力量

从新自由主义的角度来看，合作模式是不现实的：企业雇佣的员工能力不足，员工工资尚可，同时还享有决定权，这样的企业是没有竞争力的。而且，社会利益的分配始终会妨碍这些企业盈利。然而这种模式还是取得了成功，这些合作社表明，人们可以在共同决策、共同承担风险、共享利润的同时获得收益，甚至比其他企业效率更高[1]。它们同时也表明，一家企业可以是一个社会再分配的工具，一个共同进步的工具，抵抗危机的能力也更强。现在的世界经济体系中合作社还只是少数，但它们构成了一个战略领域，这一领域在创造工作岗位的同时还在不断创新。国际劳工组织（OIT）认为，合作社更像"公正的全球化"，更似一种以人为本的经济，因此对它们予以支持。

---

[1] 维尔日妮·佩罗坦的研究《对于工人合作社，我们到底知道什么？》，利兹大学商学院，2015年。

第八章

别样群居

如果没有一个可以居住的星球，

一所精美的房子又有何用？

——亨利·戴维·梭罗①

第一节　居民合作社的飞速发展

　　1977年，12位居住条件极差的单身母亲在蒙特利尔高地发现了一所废弃的小学，她们中的一个人曾在那里读过书。大楼已有100多年的历史，很多年前就已经荒废了，但整体状况依然良好。魁北克技术资源团队协会（AGRTQ）的成员塞西尔·阿坎德说："这些妇女一分钱也没有，但她们决定将这所学校变成住房，并在那里安家。"为了获得许可证和资金支持，她们奔波了几年，现在，这所旧时的学校变成了有31所住宅的高地合作社（Le Plateau），这些妇女和她们的孩子就住在那儿。合作模式是另一种群居方式，这也是如今几千个魁北克居民的居住方式。

　　通常，住在一起的计划都是自发产生的。"最初是一两个人想组建一个团队，通过口口相传的方式传播开来。参与计划的通常都是一些中低收入家庭，他们想找不是太贵的住房，并且想在

---

① 亨利·戴维·梭罗（1817—1862），美国作家、哲学家，代表作为《瓦尔登湖》。

氛围友好的环境下生活。"在位于蒙特利尔市舍布鲁克街上的办公室里，塞西尔·阿坎德如是说。

此外，这些家庭并非孤立无援，技术资源团队（GRT）会给予他们帮助。专家团体（包括建筑师、社会工作者以及合作社管理人）完全是公民社会的产物——这些团队诞生于20世纪70年代魁北克人对土地投机的反抗。当时多座城市的数千租户对抗勒令迁让的浪潮，反对拆除老城区。租户们自己组织技术团队，翻新住房。这些团队后来就变成了"土地机构"，其任务是互助开发土地，魁北克技术资源团队协会的马塞兰·于东总结道："GRT选定有利的地点或建筑后，会联系各有关方面，包括未来的租户、建筑师、建筑公司、银行以及政府援助项目。"接下来，在未来的住户与设计师共同设计方案时，GRT将负责融资①。

1976年以来，魁北克的GRT协会为家庭、年轻人、单身者、老年人以及残疾人建造了3.5万多所住宅。这些人中的三分之一住在翻新的房屋内——老的政府建筑或工业大楼经过改造，都可以焕然一新。例如在蒙特利尔的帕尔特奈街上，一家废弃的纺织厂变成了包含33所住房的合作社，艺术家们住在这里，并在那里创作、举办展览，或者组织集体活动②。

居住合作社的理念是让所有不同种族、不同身份、不同年龄的居民融入一个互助的生活圈内。塞西尔·阿坎德解释说："有孩子的家庭、残疾人和老年人住在一起，邻里的互帮互助再加上家庭护理服务，让这些人都可以独立自主地生活。"每栋居民楼至少有一个公共大厅，供众人就餐、举行集体活动或辅导孩子做功课。

---

① 总体而言，50%的资金来自政府援助，35%来自银行贷款，还有15%来自捐款或地方团体的投资。

② 勒扎特合作社（Coopérative Lezarts）：www.cooplezarts.org。

住房归非赢利性合作社所有，而租户则是合作社的社员。因此这些租户长期享有居住保障：如果一个合作社成员离开了他的住房，该住房仍然是公共产业，同时租约可以转移到该成员的孩子身上。住房租金比私人市场的低，并且不会超过家庭收入的四分之一。住房不能在市场上转卖，只能转卖给另一家合作社，而后者要确保这些住房不会进入投机的流通渠道。最后，居民共同承担住房的管理及维护工作，这样就可以减少开支，共同购买保险、设备和家用电器。马塞兰·于东指出，GRT还"与注重节约水电的建筑师合作，从环保理念出发，帮助居民减少水电费"。

在整个加拿大，近9.2万人住在约2200家合作社内，他们以协会的形式组织在一起，在住房管理方面互相帮助，在民选代表那里也会更有份量。大部分合作社位于魁北克（合作社超过1300家，居民人数达6万[1]），其中最大的是蒙特利尔旁边的克洛弗代尔村，这里住着来自57个不同民族的4000位居民。马塞兰·于东表示，尽管政府的援助力度在下降，合作社还是在"不断发展，因为民众喜欢在集体和谐的氛围下生活，并且想要更为廉价的住房"。[2]吸引居民的还有他们的社会使命——"让以前住在不卫生住房中的人现在住上卫生住房，开放共享花园或集体托儿所。"他补充道。

合作社在魁北克的小村庄圣卡米尔的成功经历，将这种友好互助的生活方式传播了开来。2001年，为了同农村人口的大量外流作斗争，该村的500个居民集体想出了一个可以让旧屋焕发新生的办法。他们将以前本堂神甫的住宅改造成供老年人居住的合

---

① 数据来源于魁北克合作社联盟（Confédération des Coopératives du Québec）。
② 加拿大合作居住联合会的数据表明，其中一半的居民是单身妇女和单亲家庭。

作社，并将组织当地生活的任务委托给一个社区中心——"小幸福"，由该中心负责组织演出、社会项目以及集体就餐。居民们还凑钱成立了一个致力于地区发展的道德基金，重点资助一家通过生产绿色蔬菜实现当地农业多样化的合作社[1]。"圣卡米尔的居民自我标榜为一个真正的农村群体，自己决定想要什么，不想要什么，崇尚集体的生活方式。5年间，随着被这些理念吸引的年轻人的到来，该村人口增加了17%。"乔斯林·贝克总结道，他写过一本有关农村变化的书[2]。

这些区域变革演化成了一场范围更广的运动。十九世纪因工团主义[3]在法国和美国发展起来的居住合作社，在最近20年又迅猛发展起来，这尤其要归因于住房价格的上涨。这些合作社不断传播到日本（100万居民）、德国（300万居民）、波兰（250万居民）、瑞典（100万居民）、奥地利、瑞士、挪威、捷克共和国、爱沙尼亚以及英国，其中英国的某些合作社（例如伦敦的桑福德合作社）在可再生能源领域成为先驱。

同时，合作社在西班牙（143万所住房）、意大利、葡萄牙、匈牙利、土耳其（160万所住房）、埃及、印度（250万所住房[4]）、南非以及澳大利亚也有所发展。美国有超过120万所合作

---

[1] 这家名为"田野的秘诀"（www.cle-des-champs.qc.ca）的合作社同时支持马里的一些农民协会。

[2] 乔斯林·贝克的《圣卡米尔——和谐生活的赌注》，《生态社会》，2011年；伯纳德·卡桑的《长寿在圣卡米尔！》，《外交世界》，2006年8月。

[3] 十九和二十世纪，这些居民合作社让法国的工人和雇员获得了房产（见法国低租金住房社会住房联盟）。随后合作社融入低租金住房运动的历史。于1971年被废除的住房合作社法规，在2014年通过全国住房法案得以重新确立。

[4] 数据来源：塞尔维·莫罗，国际合作社联盟机构——国际合作社住房组织顾问（www.ica.coop/al-housing/categories/ICA-Housing）。

住宅，尤其是在纽约、华盛顿、芝加哥、底特律以及旧金山①。拉
丁美洲也出现了相同的运动②。例如在巴西，圣保罗的一些居民团
体在乌西纳③建筑师团体的帮助下，本着互助的精神自己建造住
房。成千上万的家庭住在这些自主管理的住房中，并享受集体服
务，例如面包店、托儿所、图书馆以及专业培训等。

2008年经济危机几乎促进了世界各地房屋的集体回收。西班
牙的愤怒者运动④过后，一群被放逐的公民、无家可归的人、艺术
家以及建筑师占领了马德里和巴塞罗那⑤的空房子，并对这些房子
进行修复。尤其是在巴塞罗那，诞生了许多这样的合作社，例如
"膳宿合作社"，回收了康·巴特罗厂区的一家旧纺织厂，还有
自主管理住房的"红色21"，由加泰罗尼亚完整合作社开办。

虽然法国的个人主义文化浓厚，但合作社在那里也有突破，
例如图卢兹的"嫩芽合作社"以及维勒班的"垂直村"。其中
"垂直村"开办于2013年，在法国居民合作社协会的支持下，
聚集了多户家庭。这些家庭根据自己所拥有的资源做出相应的贡
献，并可以共享一些空间（花园、客房）和服务（绿色蔬菜送货
上门、照看孩子、设备出借等）。法国有数百个这种类型的公民
项目，它们都奉行同样的价值观——住房价格适中、民主管理、

---

① 数据来源于国家住房合作社联盟。

② 例如在乌拉圭，著名的居民互助合作社联盟聚集了490家住房合作社以及2.5万户
家庭。

③ Usina，居住环境工作中心，获得联合国最宜居奖。

④ 愤怒者运动又称15-M运动，指2011年5月15日起发生在西班牙的58个城市的一系
列抗议事件，要求西班牙政府进行巨大改革，抗议者认为任何传统政党都无法代
表他们。——译注

⑤ 参见埃马纽埃尔·阿达的《在西班牙，愤怒者为无家可归的人"解放"了房屋》，
Bastamag.net，2012年1月3日；安娜·鲁兹·穆尼奥斯·玛雅和马里内·勒迪克的《居
住条件差的人翻新废弃的房屋，重建共居空间》。Bastamag.net，2015年2月3日。

居民互助、住房环保，并配有无障碍设施。在这个民选代表和城市规划者常常失败的领域，这一共同居住的新概念，现在得到了许多城市团体的支持。

第二节　共同居住，共享房产

魁北克大学的文学教授纪尧姆·潘松也选择了这种和谐友好的居住方式。得到魁北克的一块土地后，他和其他家庭一起用当地的木材建立了一个建筑群[①]。这些建筑通过地热能供暖，并具有超强的隔热性能。该城中村通过共享房产的方式管理，拥有一栋集体的房子，里面有饭厅、游戏厅、体育馆、洗衣房、修理间、会客室等。为鼓励绿色出行，该村还设有一个可容纳120辆自行车的停车场，但几乎没有可以停汽车的地方。纪尧姆说："我们住在市中心，可以步行去上班或者接小孩放学。接下来我们打算拼车，不再一人一辆车。"不久，加拿大其他地方的十几幢居民楼也纷纷效仿这种模式[②]。此外，纪尧姆还表示，他"在加拿大这个有着个体居住文化的国家，看到了一种对这种模式的真正需求。鉴于我们的计划在媒体上取得了成功，可以说，我们创造了一种在其他地方也可以复制的模式"。

聚在一起设计参与式公寓的做法在美国和北欧也很常见。在

[①] 参见http://www.cohabitat.ca/。

[②] 参见加拿大共同住宅网（www.cohousing.ca）。

奥斯陆，40%的住房是参与性住房。在德国，城市里的共同建筑师群体（Baugruppen）也在不断增多，例如柏林、蒂宾根、汉堡以及弗莱堡（尤其是1996年开始建立的沃邦生态社区），建筑师在这些地方建造满足高环境标准的房屋。这些房屋通常都带有花园和共享空间。在瑞典，由协会或合作社管理的共同住宅数量超过70万（占住房总量的17%）。1983年在法国巴黎开设的"圣路易灌木洗衣间"是最早的一批参与式住房，10年来其他地方纷纷效仿这种模式，例如2008年在蒙特勒伊成立的"迪旺群居"，以及里尔的"河畔邻居"①。

第三节　一起变老

　　不管这些参与性的新住房是出租的，还是共同财产，都有一个明显趋势——为想在一个友好、积极的环境下养老的老年人设计的住房。住在一起是对衰老的聪明反击。为帮助老年人实现独立自主而在魁北克新里士满（位于加斯佩半岛）建造的一处合作住房，因为需求量很大，不得不扩建②。许多其他城市也有类似的建筑，其目的通常是将就业人口和退休人员混合在一起。

　　在法国，由蒙特勒伊的一位女权主义者泰雷兹·克莱尔首创的"芭芭雅嘎之家"是第一所这种类型的住房。泰雷兹也是到

---

① www.ecohabitatgroupe.fr, www.habitatparticipatif.net，这两个网站上记录了大量
　　参与式住房名录。
② 资料来源于AGRTQ。

70岁才意识到法国的老人缺少陪伴，而且她不想在一个阴暗的地方被像小孩子一样对待去度过余生。"我希望我的老年生活能像我的一生一样独立自主，为了对抗养老院，我想出了一种创新住宅，在那儿，妇女可以自己对自己负责，互帮互助，一起养老，同时还能有工作。"①

泰雷兹与另外两位妇女一起创立了名为"芭芭雅嘎"的协会，芭芭雅嘎是俄罗斯传说里的巫婆。她们住在香料蜜糖面包房里，三人寻找合伙人，寻求资助，在困难面前毫不退缩（她们的计划不在任何行政议案的讨论范围内），在一点点说服谈判对象②之后，"芭芭雅嘎之家"终于在2011年10月15日破土动工了。这栋公民大楼共有21间住房，生态环保，自主管理，住户之间团结互助，租金适中，出租给老年人和30岁以下的年轻人。楼内居民享有公共空间，并且可以共度时光，例如共同参与一些协会的讨论见面会。对泰雷兹而言，"芭芭雅嘎之家"的意义比创新收容所要大得多，"这是一个政治项目"，它想改变外界对老龄化的关注目光。此外，从经济角度来看，老年人是社会的压力，这个项目就是表达对这种看法的"轻蔑和不屑"。

在"芭芭雅嘎"之后，许多类似项目在圣普列斯特（罗讷省）、圣瑞利安朗蓬（多尔多涅省）、图卢兹、帕莱索、沃昂夫兰等地也随之展开。这些项目中，几代人共同居住的模式也有所发展，例如由皮埃尔·拉比的女儿索菲·拉比创建的"黄杨生态村"，还有德龙省的"欢乐生态村"。西蒙·德西雷纳协会以相

---

① 内容来自2012年谈话内容。泰雷兹·克莱尔于2016年去世，丹尼尔·米歇尔-希什写了一本书来记录她的生平：《泰雷兹·克莱尔——白发安提戈涅》，妇女出版社，2007年。

② 她们的谈判对象包括现在管理住房的蒙特勒伊低租金住房办公室、市政府、法国政府、大区政府、县政府以及信托投资局。

同的模式在旺沃、兰吉、南特等地建造了健全人-残疾人参与式住房。尽管如此，法国的共同住宅数量还是少于美国[1]，共同住宅在美国更为常见。情况相同的还有瑞典、荷兰（自主管理的代际住房"生活区"）、丹麦、德国（尤其值得一提的是纽伦堡奥尔嘉的"老年人共度时光"）、比利时（改造旧的修道院式建筑）、西班牙（"退休协会"）和意大利（"共居协会"）。

住在这些共同住宅里的人群或许不同，但自1972年在丹麦开创以来，这种模式就在世界各地不断发展，包括欧洲的瑞典、德国、英国、法国和比利时，亚洲的印度、日本和菲律宾，拉丁美洲的哥斯达黎加、墨西哥和巴西等[2]。在美国，数十万居民住在"理念村"（intentional communities）中，"理念村"聚集的是有共性的人群（退休人员、单亲家庭、生态学家、具有同一宗教信仰的成员、艺术家等）。此外，该领域组织得井井有条，有自己专门的建筑师以及网站、博客、杂志和书籍。这些共同住宅由独立的房屋区或楼房区构成，所以更像是邻里街道，彰显出是互助、种族混合、宽容、尊重集体规则以及使环境冲突最小化的价值观。共同住宅基于非赢利性机构，在这里，决定都是集体做出的。

---

[1] 参见http://seniorcohousing.com。

[2] 参见http://directory.ic.org/iclist/geo.php。

第四节　生态村

在这些群居建筑中，获得最大成功的是生态建筑的先驱——生态村。生态村的房子由可再生能源供电，装有废水完全回收利用系统。世界各地的生态村都在增多：阿根廷、西班牙、德国、澳大利亚、美国、加拿大、墨西哥、斯里兰卡、印度、智利、巴西、哥斯达黎加、加纳……①塞内加尔成立了国家代办处，从现在起到2020年将实现1.4万个村子向生态社区的转变，并使这些社区实现社会和经济独立。塞内加尔目前已有100多个生态村，食物自给自足，尊重地方生态系统，为南部地区的未来指明了方向。

在美国现有的100多个生态村中，最著名的当数伊萨卡的生态村。伊萨卡位于美国北部的纽约，城市绿树环绕，康奈尔大学就坐落在那里。晚间，花园深处时不时有黄鹿穿过。生态村占地70公顷，位于城市高处，给人的第一印象是一片祥和。这里没有汽车，没有噪声，有的只是宽阔的草坪和树木，一片郁郁葱葱。在这个炎热的六月午后，一些居民坐在屋前的太阳伞下看书。房屋是美国传统的木质建筑，建在一个小湖泊旁边，湖里有孩子在游泳。在这里听到的只有鸟叫声、水流淙淙声，还有远处邻居们的谈话声。

---

① 参见全球生态社区网络（http://gen.ecovillage.org/）及红色伊比利亚生态村（www.ecoaldeas.org/）。

作为创始人之一的丽兹·沃克邀我坐在一处面向湖泊的露天座位上，对我说：“这里大概住了160人，包括大学老师、计算机编程员、退休人员、作家、律师、农民以及家庭主妇。大家的职业都不一样，但都追寻社区的真正意义，对生态生活的承诺将他们联结在了一起。”

“1992年，我和另外十七八个人买下这块地的时候，想用环保措施建造从经济角度来讲可以接受的房子。”丽兹笑着继续说，她现在已经成了美国生态居住的楷模。大部分房子朝南建造，并安装有太阳能板。房子绝佳的隔热性能减少了热量损耗，所以“我们的能源消耗比美国普通的房子要低40%—60%。但我们还会不断改进这种模式，第三批房子安装了水循环系统，是正能量建筑①”。

“最初，大银行明显不愿意资助我们。最终是我们中有人认识的一家地方银行给我们提供了贷款。”创始团队的一员，计算机编程员史蒂芬·戈德尔接上了话头，蓝色的眼睛里带着笑。生态村的法律形式是持有土地、房屋的非赢利性合作社。未来的居民只要购买合作社的股份就可以获得居住权。“我买股份花了11.2万美元，现在我住的房子不用交租金，只要交水费、网络费还有公共部分的维修保养费。”

史蒂芬解释说，房子四周都是花园，有残疾人通道。此外，房屋的设计可以保证“私生活和公共生活之间的平衡，厨房面朝街道，一些更私人的地方则靠着花园”。“我们想碰面的时候就可以碰面，虽然房子很少上锁，但我们还是很尊重各自的生活。”他笑着说。在公共房屋的大厅里，每周都会有几次集体晚餐和几场音乐会，房子里还有游乐场所，以及为访客准备的房

---

① 完全靠太阳能满足日常用电需求，室内所有设备均可智能控制。——译注

间。食物尽可能是当地的绿色产品，丽兹具体解释说："很多居民自己种菜，其余的则由周围的绿色农场提供。收获的时候，居民也会参与农场的工作。"此外，居民还组织拼车、在当地安装风力发电机等活动。

丽兹总结道："说到底，生态村没有任何创新，只是提供了一个空间。在这个空间里，生态居住、土地维护、绿色食品、可再生能源以及公共生活的所有方面都是最优的。我们在这儿学习如何一起决策，一起解决矛盾，庆祝节日。我们彼此之间相互支持，还尝试将传统生活模式的智慧融入最新的技术中去。我们创造这种模式，就是为了说明，建立一种更持久的人类文明是可能的。"

这种模式已经吸引了越来越多的人："一些记者和研究者来这儿看我们是怎么生活的。我们刚接待了一批来自日本和韩国的参观者，他们想在他们那儿复制这种模式。这种居住方式在美国的许多城市都在增加，例如纽约、西雅图、旧金山、波特兰、麦迪逊，还有佛蒙特等州的情况也是如此。很多人想换一种生活方式，现在生态村已经不再只是一场边缘运动了。"她说。

第五节　生态小村庄

和谐生态居住的理念也影响到法国。伊泽尔省的圣昂图万拉拜埃是法国最美丽的村庄之一，那儿的14户家庭建立了沙堡蒂埃尔生态小村庄。一家生产绿色产品的中小企业的厂长西里尔·勒梅特尔解释说："这一理念是一帮朋友想出来的，他们来自同一个维护农家农业协会，希望能把生活方式与生态理念、团结互助的价值观结合在一起。"业主们选用的是当地的农业材料（以土做墙，以稻草隔热，以木作梁），这些材料造出的房屋能根据气候调节环境，冬暖夏凉，不需要太多的供暖或通风。

每户家庭都建造自己的房子，其中一些得到建筑师、企业、朋友或生态工地上的志愿者的帮助。西里尔表示，这是一种强大的经济："自己建造住房，房子价格为每平方米500欧，而建成的房子价格为每平方米1470欧。"建筑包括个人住房、公共双房（包括客房、会议室、工具间、洗衣间）以及供会客、生态篮子送货所用的集体活动空间——西里尔强调了生态小村庄与皮埃尔·拉比的"蜂鸟精神"的相似之处[1]。

现如今，在法国，几百个生态区[2]（可替代、生态环保、自主管理居住）都参照沙堡蒂埃尔建立了起来，或者正在施工。为帮助建造这些生态区，经历丰富（既是农业工程师，又是经济学博士）的弗朗索瓦·普拉萨尔2004年在图卢兹成立了AES机构（团结经济生态自主建设者[3]）。他和手工业者团队在生态小村庄项目中扮演着魁北克技术资源团队的角色。他说："我们将管理、建筑、生态以及技术结合在一起。"作为一个互助网络，AES与市镇和未来的居民一起设计居住项目，"谨记共同利益的理念，将私人空间与集体空间相结合，没有汽车，郊区设有停车场、果园和花园"。

---

① 参见http://www.colibris-lemouvement.org/passer-a-laction/creer-son-projet/
monter-un-habitat-groupe。

② 参见http://ecolieuxdefrance.free.fr。

③ 参见http://portail.eco.free.fr/AES.html。

自建微房

　　自建在发展中国家已不再是新鲜事物，但在发达国家却一直不受重视，直到房价升高、住房短缺以及生态危机的到来，才让这种形式活跃起来。该领域中最有趣的创新出自美国，源自垦荒者互相帮助建造村庄时期的"互助建屋"①。该计划由政府资助，由100多家非赢利性机构实行，为在建造房屋中互相帮助的家庭提供技术援助。这种合作模式降低了建造成本，加强了人与人之间的联系，这种联系可以改善已建成街区中的生活。如今，该计划将重点放在低能源成本的住房上。在法国，从"海狸"②身上就可以看到这种团结互助的精神，作为志愿者的他们帮助家庭在生态工地③上建造房屋。在英国，众多代办处和基金会支持使用生态材料自建居住合作社④。在The Small House（小房子）⑤或Wikihouse（维基住房）等网站上可以找到越来越多的开源模式，自建领域因此也受益匪浅。

---

① 这一存在于美国人集体记忆中的概念叫作"建造谷仓"（barn raising），当时垦荒者们集众人之力建造谷仓或房屋。

② 1945年后诞生于法国的合作自建运动，该运动让几千户收入微薄的家庭有了住房。地区协会中分布有5万名会员。

③ 参见http://chantiersparticipatifs.xooit.fr/index.php, http://fr.twiza.org/。

④ 参见http://www.communityselfbuildagency.org.uk。

⑤ 参见http://www.thesmallhousecatalog.com。

在古巴、墨西哥、尼日利亚、孟加拉国等国家的农村地区，设有生态材料（泥土、木材）自产工厂，这些材料使用简单，可抵抗地震、飓风等灾难，同时价格低廉，通常与轮胎、压实成砖的塑料瓶等回收材料结合在一起使用。用循环材料建成的房屋中最获成功的当属美国的"大地之舟"（earthships）[1]了，这些住宅由太阳能和风能供电，同时安装有独特的隔热系统和雨水收集器。"大地之舟"的建造依靠团队劳动，几乎没有花费。今天，在欧洲和非洲也可以见到"大地之舟"。2010年地震过后，因为轮胎抗震性能好且价格低廉，海地也建立了以轮胎为基础的"大地之舟"[2]。

同时，家庭规模的减小、对负债的担忧以及对简单生活的向往，也促进了一部分中等收入家庭对小房子的选择。这些吸引了数千美国人的小巧、生态且实用的住房也来到了欧洲[3]。一场联合了公民、建筑师及非政府组织的极具创造性的运动[4]围绕小房子展开，其中一些房子装上了轮子，方便旅行，还有一些用于为无家可归者提供住宿（在美国尤其如此）。

---

① 参见http://themindunleashed.org/2013/12/10-reasons-earthships-fing-awesome.html，该网站上有相关案例。

② Youtube上有许多关于大地之舟的描述。

③ 法国的相关信息见于网站Latinyhouse.com, MaPetiteMaison.com, Tinyhouse-baluchon.fr/,或Tinyhousefrance.org/。

④ www.resourcesforlife.com/small-house-society; www.ecolivingcenter.com; 莎拉·苏珊卡所著的《房子不用大》（陶顿出版社，1997年）无疑是这场运动的开端（www.notsobighouse.com）。

第六节　集体所有制协会

有时，建造集体住房的土地归社会所有，社区土地信托（CLT）就是这样，这类集体地产协会发端于美国农村地区[1]，随后发展到了城市的居民楼中。这些非赢利性机构让数千美国人在2000年房价升高时期住上了他们买得起的房子[2]。有些社区土地信托年代久远，例如1984年在佛蒙特州伯灵顿市成立、由市政府参与的伯灵顿社区土地信托（BCLT）。BCLT为伯灵顿的居民提供了650套住房，其形式有居住合作社、出售价格适中的公寓、治疗公寓[3]以及为无家可归者准备的紧急住房。随后，BCLT与另一家社区土地信托——尚普兰湖住房开发公司合并，组成了美国最大的非赢利性住房组织——尚普兰房产信托[4]。

法国也有一家与尚普兰房产信托极为相似的组织——居住与人文协会，该协会由房地产业带头人贝尔纳·德韦尔（后成为神甫）[5]创建于里昂，管理其建造的住房区，购买或翻新住房，而后低价出租给单亲家庭和老年人等困难人群。该协会还创建了一

---

① 参见有关农业的章节。

② 全国社区土地信托网（www.cltnetwork.org），奥德丽·戈卢乔的《国外的居住合作社》，居民合作社协会，2011年2月。

③ 为残疾人提供的低租金公寓。——译注

④ 该组织拥有1500处住房及办事处，2008年获联合国人居奖。

⑤ 参见http://www.habitat-humanisme.org/national/chiffres-cles。

家地产公司，以集中个体储蓄，资助互助住房。互助居住集体利
益合作社①是另一个由4家协会、两家公民投资俱乐部Garrigue及
Cigales于2003年创建的组织，开发社会福利住房及合作住房，其
中社会福利住房的目标人群是贫困群体。个人可以通过成为合作
社成员来支持这些计划。

第七节　为穷人建高质量的环保房

　　如果这些为穷人提供的住房具有环保性能呢？如果这些住房
还可以创造工作岗位呢？坐落在加来海峡的就业安置企业——橡
树集团②（Chênelet）试图同时满足这两点，并取得了成功。

　　橡树集团解决了一个还有许多未知因素的问题。一方面是对
社会福利住房的大量需求、能力不高的人群中失业率上升以及建
筑行业中大量岗位的空缺；另一方面是当地可以为生态住房提供
大量当地资源（木材、黏土、稻草等），但这些资源很大一部分
都有待开发。社会企业家弗朗索瓦·马蒂解决了这个问题。他利
用当地的生态资源建造住房，这些住房同时可以创造技术岗位。
看到自己的企业员工没有住房，他才想出了这个主意。这位积极
的企业家受社会主义影响，发自内心地排斥"穷人住条件差的房

---

① 参见http://www.habitats-solidaires.fr。
② 橡树集团是法国市场上相关领域的领导者，由一家建筑公司、一个生态建筑培训中
　心（橡树发展）以及一家就业安置合作社（锯木厂及沿海货运工具）组成。在橡树
　集团，男女工资相同，弗朗索瓦的工资与管理人员的工资也相同。

子就该知足了"这种陈词滥调，表示："我建造的生态住房不是给生活宽裕的资产阶级住的，而是给最穷的人，他们的收入只有最低工资的70%。"

所以最终建成的房屋质量良好，具有生物调节性能，且使用的都是生态材料（木材现砍现用，砖用当地的黏土，大麻纤维也是本地种植）。这些经过深思熟虑设计出来的住房舒适、坚固，墙壁可收集热量，同时依靠瑞典的惰性气体炉子供热，并配有太阳能板及水回收器。为改善生活质量，隔音也经过了设计，其模式与隔音差、嘈杂、能耗大的低租金住房相反。这些房屋销量很好，弗朗索瓦向市长建议，提供"一块长租土地，我们的团队负责建造房屋"。未来的居民可以接受有关生态房屋使用的指导及培训。

弗朗索瓦还于2009年成立了一家地产公司，资助购买建造社会福利住房的土地，该公司的资金主要来源于互助储蓄。此外，橡树集团以前的员工还建立了绿色就业安置花园——"天使花园"，该机构销售绿色蔬菜①，同时在奥帕勒峡角和沼泽自然公园提供生态住所及熟食服务。

弗朗索瓦将成功归于他不寻常的职业生涯。他笑着说："起初，我是个来自巴黎郊区的年轻人，生活困难。也就是说，在创立就业安置企业之前，我自己就需要依靠这些企业。"他17岁时钻研生态学，随后成为卡车司机，接下来在阿拉斯成立了一家青年失业者及难民接待处，1986年，他建立了一家小型就业安置锯木厂，之后在巴黎高商读工商管理硕士，将经营企业的方法运用

---

① 奥帕勒土地：http://terredopale.fr。

到服务互助经济中[1]。

现在，他认为社会性生态建筑的前景一片大好，因为对这些建筑的需求一直在不断增加。但他推崇面向就业的"慢性增长"模式。橡树集团培养了数千名员工，在法国创建了17个就业安置单位，该集团想建立一种扎根地方、面向集体利益的经济。弗朗索瓦总结说："在传统经济抛弃的土地上，互助经济利用他们的资源进行创新。"

遍观全球，该类型的企业数不胜数。例如英国的"洞穴建筑合作社"（Cave）利用当地的技术和资源在马拉维建造了"欢迎生态村"[2]。本着同样的精神，法国的一位建筑工人托马斯·格拉尼埃帮助萨赫勒地区的五个国家（布基纳法索、贝宁、马里、加纳、塞内加尔）的村民掌握了土砖制造技术，这种从努比亚发展起来的技术距今已有3500年的历史。他的"努比亚穹顶协会"[3]培训年轻人与居民一起建造价格实惠、生态环保、热效率高的房屋。在卢旺达，年轻的阿尔丰斯·哈齐兹曼纳创建的尼亚比马达环境保护合作社用黏土建造了数千所住房，同时也培养了许多以此为职业的年轻人。印度的地方建筑中心[4]是一家非赢利性的，由建筑师、工程师和手工业者组成的建筑合作社。该合作社采用适应气候的方法，用生态材料建造住房、办公室、博物馆和学校，

---

① 2000年至2002年，他同时也是互助经济国务秘书处居伊·阿斯科埃办公室的主任，在此期间编写了有关互助储蓄以及集体利益合作公司的法律。这些集体利益合作社协会（les-scic.coop）将职工、志愿者、团体、企业、协会及公民联合在一起，共同创造和提供满足集体需要的财富和服务。这些协会与比利时的社会性企业（EBS）相近。

② 参见http://www.cave.coop/projects/community-projects/malawi-landirani-eco-village。

③ 参见http://www.lavoutenubienne.org。

④ 参见http://Centre for Vernacular Architecture（www.vernarch.com）。

这些建筑因其优美的外观和良好的环保性能而被媒体大肆赞扬。

生态性、参与式住房就这样得到了巨大的发展，仅此章节难以详述。正如伊萨卡生态村的史蒂芬·戈德尔总结的那样，"现在，人们开始意识到需要对社会联系"，过去破坏社会联系和环境的生活方式现在被"群居住房、生态住房所代替"。事实上，在经济飞速发展、没有生态约束的背景下设计出来的混凝土独立住房具有一定的局限性，因为这种住房经济成本和能源成本都很高，而且会导致与社会的隔绝。现在，美国和欧洲的中产阶级希望的住房需要满足各方面的要求，包括使用可再生能源、房子带有花园、配有公共设施以及使用的材料要无污染、低价，在能源方面也要有竞争力。我们的社会虽然在选择方面还有些迟疑不决，但也在寻找有点人情味、居民之间团结互助的生活区域。这些新兴模式在社会方面有保障，在生态方面可持续，公民社会正通过它们创造未来的居住环境。

第九章

更加公民化的民主

　　就我所知，社会最高权力的最可
靠的掌管人只能是人民自己。

——托马斯·杰斐逊

第一节　居民自己管理城市

　　通往古塔姆巴卡姆村①的路穿过齐整的稻田，稻田里移植稻苗的妇女穿着鲜艳的纱丽，在秧苗的一片嫩绿中很是惹眼。村子就坐落在印度泰米尔纳德邦这片肥沃的土地上。我在那儿又见到了埃兰格·兰加斯瓦米，他当过村长，管理一个有着5000居民的村子。因为他对那儿的彻底改变以及在民主方面取得的成功让这个村庄闻名印度内外。

　　埃兰格正在参加一场居民会议，会议在镇政府旁边的一个大厅里举行。100多人——穿白色托蒂服②的男人和编着黑色长辫的女人——坐在大棕榈席上，听一个男人充满激情地演讲。早上，天气就已经很热，一些人拿着纸扇风，婴儿躺在母亲的臂弯里睡

---

① 由西里尔·迪翁和梅拉尼·罗兰共同执导的电影《明天》（2015年）就再现了这本书中的这一创举。
② 托蒂服是印度男子缠在腰间的棉布。

着。埃兰格压低声音跟我解释说，会议讨论的是农田的开发。为了能更安静地聊天，埃兰格把我带到了旁边的一间政府办公室里，这座砖砌的房子里更凉快些。

他对我说："1960年我就出生在这个村子。几十年间我见证了这里所有的问题——贫穷、酗酒和种姓暴力。我总是问自己，怎样才能解决这些问题。青少年时，我试着让自己变得有用。我在一家反家庭暴力协会做志愿者，随后开始学习工程师课程，同时，帮助贫穷的妇女获得贷款，培养年轻贱民参加大学考试，继续参与社区生活。"因为埃兰格自己就是一个被认为不洁净的、不可接触的贱民，被排除在四大种姓之外。即使是与他们进行身体上的接触，其他种姓也不愿意。他说："小时候，如果我碰别人一下，就会被打。父亲跟我说，就是这样，你不能碰任何人。但我不懂。"

成年后，埃兰格成为金奈市的一名药剂师，但每次回忆起他们衰败的村子，他就忧心忡忡。"我想经常回去，甚至是回那里生活，去改变一些东西。"他的妻子苏玛蒂给了他很大的帮助。1994年，她找到了一份可以养活家庭的工作，让埃兰格有机会回到古塔姆巴卡姆村。1996年10月，埃兰格参加当地的选举，并被选为村长。自此，他全身心投入村庄的重建中："我决定改变整个村子，将它变为政府管理的模范。"

他做的第一件事就是让居民参与他的计划。他成立了和市政议会①一样的居民议会，所有家庭均可平等出席，讨论公共问题。根据居民提出的需要，埃兰格会在几周内制订一项行动计划，并

①　这些公民会议不同于市政会议，经印度宪法第73条修正案确立。本着甘地"村庄共和国"的精神，该修正案鼓励村庄自治。1992年获得采纳后，该法律还在市政会议中设置了低种姓及妇女人数定额。

提交给居民议会。他说："不管是决策还是预算安排，都会经过长时间讨论。"一旦计划投票通过，他就会要求居民行动起来，自己实施该计划。第一个计划是清洁村庄并安装卫生清洁系统。这项工作得到了全村人的参与。路边安放了垃圾桶，公路上安装了太阳能供电的公共照明设施，为居民提供可饮用水，还安装了雨水收集系统。接下来是整修学校，埃兰格成功说服了每户家庭让所有孩子都接受教育，无论男孩女孩。

他还一鼓作气发起了另一项计划，并出乎意料地得到了很多人的支持。该计划是整改贱民居住的破旧街区，贱民占全村人口的二分之一，他想给这些人提供体面的住房。"所有人，甚至高种姓人"都参加了这项集体计划，将简陋的铁皮住房和棕榈茅屋换成结实的房子。大家在几个月内用生态材料（当地黏土压成的砖）建造了150栋房子。心怀感激的贱民自己开凿下水道，为村庄节省了200万卢比（2.73万欧元）。此外，他们还整修公路，清洁村里的水井。

埃兰格做的远不止这些。既然现在高种姓和低种姓可以在一个工地上合作干活，他想尝试让他们住在一起。他想出了一个叫作"平等居住"的计划，并于2000年10月开始建造一片有50座普通房子的建筑，建筑中包含一家集体托儿所。他会安排一个贱民家庭和一个非贱民家庭住在一座房子里——"对国家来说是革命性的尝试"，他笑着说。事实证明这项计划是可行的，并且大获成功。泰米尔纳德邦当局对结果很是震惊，开始重新考虑该计划。这种配有公共服务（医务室、学校）的共享式住房由政府资助，其理念是将建筑师与居民联结在一起，让不同种姓、不同宗教信仰（印度教、伊斯兰教、基督教）的人从此和平、平等地住在一起。

经济地方化

埃兰格说："2001年，一切都完成了。"古塔姆巴卡姆村完全改变了。村里的每户家庭如今都有了不错的居住条件。个人住房与公共空间一样都拥有整洁的外观，地方经济也从这次改革中获益颇多，70%的经济依靠农业，与此同时，工地促进了与建筑相关的行业的发展。抵抗飓风的黏土砖和瓦片等建筑材料由村里的妇女生产，她们还制造环保节能且可以焚烧垃圾的家用炉子①。

但成功还来自于村长坚决推行的政策。在第一个任期内，他就意识到，大部分当地的产品都是被送到外面进行加工的农业原料，经过包装和贴标签，重新拿到古塔姆巴卡姆村销售，于是他想，为什么这种转变不能在当地进行呢？他让人做了一项调查，居民每月消费的食物、服装、肥皂等日用品价值约为600万卢比，其中500万卢比的商品可以在当地生产。于是他向居民议会提交了一项发展地方微型企业的计划。

如今，"所有东西都在当地生产加工。收获的庄稼可以用来制造我们需要的其他产品：稻子去壳变成大米、用油制造肥皂、羊毛做衣服和绳子、绳子做吊床，以此类推"。通过这些活动，这个拥有5300位居民的村子实现了财产和服务的自给自足，村里不再有失业者，这在失业甚为普遍的印度农村地区称得上一场小

---

① 这些年来，妇女的经济独立、她们的微型经济组织、男性的充分就业以及村长发起的宣传活动消除了横行全村的家庭暴力。

型革命了。

　　埃兰格将这种"网状"经济理念推广到了邻近的六个村庄，帮助其他村庄明确居民需求以及当地现有的原料。随后，所有村子统计其地方资格，并向非政府组织申请培养他们需要的劳动力。在自主管理的小额贷款公司的帮助下，一些小型企业建立了起来。现在，这些小企业生产的产品完全可以满足居民的需要，而居民也会优先消费地方产品，因为后者为他们提供工作岗位。7个村子之间会互相交换剩余的牛奶、大米、衣服等产品，同时，为了防止地方经济过于货币化，使其保持和谐的状态，物物交换体系也建立了起来。在古塔姆巴卡姆村，"居民用西红柿交换计算机课程"。埃兰格笑道。

　　仅两个任期过后，埃兰格做出的工作总结就足以让许多村长羡慕不已：充分就业、消灭贫穷和不卫生住房、孩子普遍接受教育、村子清洁卫生、所有人喝上可饮用水、几乎实现太阳能全覆盖。为了获得这些成果，他奉行了甘地的原则①：村民自主决定、公民合作、人人平等、尊重环境、经济自给自足。然而在此过程中他也要克服诸多困难：尤其是建设和公共工程公司对他的起诉，因为村民自主管理的工作让他们失去了赚钱的机会。

　　大概7点钟了，夜色在古塔姆巴卡姆村蔓延。埃兰格和我正聊着的时候，我们听见外面有摇滚乐的声音，一群青少年正在靠近政府的一个院子里用光盘播放音乐。外面，汽车和摩托车穿梭，居民边走路边打电话。这里的日常生活表明，村民自给自足的理念与现代性并行不悖——他们只是通过创造一种可以维持下去的经济模式，确保当地的繁荣和充分就业，将这种现代性建立在另一种基础之上。

---

① 在村庄网站上，他贴上了甘地的一句话：成为你想在世界上见到的改变。

可复制模式

埃兰格没有加入任何一个党派，也从未想过要开始政治生涯。两个任期结束后，他不再做村长，而是全身心地传播他的管理模式。他开办了一个村长培训机构——村务委员会，接待与古塔姆巴卡姆村面临同样挑战的村长，根据相同的民主原则，帮助他们找到当地的解决办法。该机构目前已经培训了1000多位来自印度各地的村长，并且每个月都会增加20多位。就这样，埃兰格建立了一张由2000位村长组成的网络，他们都与他有着同样的信仰。他有一个长期目标，即建立"一张包含两万个村子的网"，从现在起到2020年，这张网会通过成立"小村共和国"协会（来自甘地的理念）来复制这种自主管理模式。"我想证明这是可行的。如果改变能在这里进行，为什么其他地方不可以呢？所有的一切都可以大范围复制。因为我们国家的民主允许村庄的共同管理存在，同时也因为社会有这个需要。"

曾经是村长的埃兰格，收获了许多国际奖项，并被邀请到英国和美国去介绍经验。在印度还有许多其他自主管理的模范村（例如马哈拉施特拉邦的希沃尔巴扎尔村，以及泰米尔纳德邦的吉他努村）也享有直接民主，享受经济自给自足。这表明，改变了古塔姆巴卡姆村村民生活的民主进程可以在其他地方复制。

更令人难以想象的是，埃兰格彻底改变了集体生活。通过加强对话、宽容和互帮互助，埃兰格让以前互不了解、互不接触甚至互相厌恶的、来自不同社会阶层、具有不同宗教信仰的人得以和平共居。村子里的种姓冲突和违法犯罪成了过去时。暴力终结，贫民区消失，不同社会阶层和不同宗教信仰的人生活在一起，这是很多西方民选代表都乐于夸耀的成绩。

在古塔姆巴卡姆村和临近村子实施的网状经济起到了模范带头作用。除了汽车、汽油和计算机，村里的居民都可以实现自给自足，这让他们的经济在危机面前可以免受影响，并有利于地方就业。这种"去全球化"的经济可以移植到其他国家，在不同环境、具有不同生活水平的地区复制吗？这个问题值得一提。欧洲很多地方的领导人都在对当地衰败的工业和农业表示失望，在这个时候，埃兰格证明了只要平衡好当地的供求关系，支持当地互补产品的发展，经济区域化是可以实现的。这位来自印度小村庄的朴实的村长，实现了众多居民和工业化国家民选代表的梦想——繁荣地方经济。

第二节　参与性试验的飞速发展

古塔姆巴卡姆村改变的进程扎根于希腊民主——人民的权力之中。"通过投票，每个人都可以说：我拥有真正的权力。"埃兰格说道。他同时还表示，每位公民自由、平等参与的民主没什么可怕的，即使一开始需要"超越个人利益"。居民也能创造一种共同责任精神，正是这种精神完全改变了古塔姆巴卡姆村。

如今，僵化的政治体系广受诟病，而改革这种体系的关键在于民主的再创造。公民指责领导人将经济游说集团的利益置于社会需要之上，在危机面前显得无能以及忙于政治家的算计且不联系实际。约80%的法国人认为公民比当权者更能找到解决公民和国家问题的方法，74%的人认为创见应该来自于公民自己①。

　　代表方式的危机最终促进了"公民的权利不应该仅仅局限于选票"这一观念。一些团体已经意识到这一点，并开始使用直接参与工具。如果这些工具不存在，公民社会就会把它们创造出来。

---

① 埃马纽埃尔·加利罗的《调查显示，80%的法国人更相信公民，而不是政治家》，《费加罗报》，2016年3月8日；《仅有24%的人认为创见会来自当权者》，《舆论之路》为"20分钟新闻"及Soon Soon Soon网站做的调查，2015年9月15日。

参与性预算

　　让公民团体对城市预算的选择发表意见，这一理念诞生于巴西的阿雷格里港。自1989年以来，那儿的居民就可以决定每年的公共预算分配。这种参与性预算将公共开支重新集中到真正的需求上面，例如可饮用水、住房改善或教育。该市市长①表示，参与性预算确实提高了公共开支的效率，并有效避免了公款的挪用。受阿雷格里港的启发，世界各地的参与性预算数目超过1500个，其中包括拉丁美洲（巴西、委内瑞拉、哥伦比亚、墨西哥等）、美国、加拿大、欧洲（西班牙、德国、葡萄牙、瑞典、意大利、法国、瑞士等）、非洲（莫桑比克、塞内加尔、马里、布基纳法索等），甚至中国的成都也有②。该理念还被运用到大区、街道委员会、中学等其他范围。

　　此外，在美国也有与印度的居民议会类似的居民全体会议。一项历史长达300年的特许权规定，新英格兰地区的6个州（康涅狄格州、缅因州、马萨诸塞州、新罕布什尔州、罗得岛州、佛蒙特州）中人口少于6000的城市每年可以召开开放的市镇会议。达到投票年龄的居民可以在会上讨论地方问题，对预算和公共章程进行投票，偶尔也会就民选代表的工资投票。居民可以自由将一些问题提上议事日程，并要求召开其他会议。

---

① 劳尔·蓬的《阿雷格里港的参与性预算经验》，《外交世界》，2000年5月。
② 参与性预算的分布图见于https://democracyspot.net/2012/09/10/mapping-participatory-budgeting-and-e-participatory-budgeting/。

　　在西班牙安达卢西亚地区干燥的红色山脉上，种植着一片油橄榄，马里纳莱达镇就坐落在那里，镇里的房屋都是白色的。1976年，贫穷的农业短工就是在那儿发动的起义，并发起了一场占领土地的运动。曼纽尔·桑切斯·戈迪略是他们的领袖，1979年，他当选为该镇镇长，在那儿开创了一种具有明显反资本主义性质的模式，并实行与古塔姆巴卡姆村相近的直接民主，这种民主如今得到了整个欧洲的关注。在每年举行的几百场会议中，居民会对当地的税收、住房、就业等问题进行投票。在镇政府分配的土地上，家庭之间互相帮助建造住房，维护小镇的工作也由集体共同完成。地方经济围绕一家农业食品合作社展开，合作社内几乎所有人都领取同样的工资。2008年金融危机对西班牙造成了严重影响，但共享工作还是在危机过后没让这座小镇陷入困境。参与性管理的最后一个影响是小镇不再有违法犯罪行为。镇长表示："没有人来跟我说，我们的做法不可以复制。只要下定决心，任何城市都可以这样做。"[1]

　　在法国，一种类似的精神正在让阿摩尔滨海省的特雷马尔加市镇焕然新生。居民参与公共决策，共同分担公共工作，带领市镇走向生态环保（市镇的电力由能源合作社提供，农业为绿色农业）。此外，居民还共同管理一家由当地农场短途供货[2]的联合食品杂货店。

---

① Youtube上雅尼克·博维的文件《马里纳莱达——不屈服的小镇》，以及斯特凡诺·维京的《马里纳莱达镇的共产主义镇长和零失业率》，《国际快报》，2010年6月24日。

② 马里翁·居永瓦克的《特雷尔马加，可选择的参与式民主露天实验室》，Bastamag.net，2014年12月11日；拉斐尔·巴尔多斯的《特雷尔马加，绿色互助市镇》，《十字报》，2016年3月4日。

在德龙省的萨扬斯，自2004年一批公民候选人入选市政议会后，公民获得了权力。这个拥有1200位居民的市镇实行的是集体负责的参与式管理。集体负责，是因为民选代表会共同决策，避免镇长"大权独揽"，同时可以"多听意见、共同承担责任和工作"；参与，因为居民是7个主题委员会的成员，而这些委员会可以决定市镇有什么特权。居民同时也是行使这些特权的"行动计划小组"的成员①。助理委员会成了对公众开放的"领航委员会"，会议报告也会有序地公开。

在国家层面上也出现了许多公民运动。在爱尔兰，"我们公民"运动②于2011年召开了一场公民议会，抽签决定公共政策并"改革共和国"；非洲也有新兴公民运动出现，其目的是反对民主被政治集团没收充公；在塞内加尔，2011年由说唱歌手克尔·居伊、记者谢赫·法德尔·巴罗以及阿里欧·萨内创办的"受够了团体"，帮助居民重新掌握地方贸易，并向民选代表争取更多权益。在布基纳法索，在2014年反对孔波雷总统的游行示威活动中，2013年由雷加音乐③歌手萨姆斯克·勒贾和说唱歌手斯莫克创建的"公民扫帚运动"是带头人，它在国内有几十个"扫街公民"俱乐部，目的是消灭猖獗的政治腐败④。2012年在刚果民主共和国产生的"为改变作斗争"是另一场非暴力运动，目的是要求政体民主化。

但最重大的一次运动爆发于2008年金融危机期间的冰岛。当时银行倒闭，失业率大幅上升，愤怒的民众连续数月走上街

---

① 见萨扬斯的网站以及加斯帕尔·达朗和露西尔·勒克莱尔的《在萨扬斯，居民再创民主》，大地报道，2015年10月17日。

② "We the citizens"（www.wethecitizens.ie）。

③ 雷加音乐，产生于20世纪60年代末期的牙买加民间音乐。

④ 大卫·科梅亚的《布基纳法索的公民扫帚运动》，《外交世界》，2015年4月。

头，抨击冰岛的政治经济体系。他们的愤怒让保守的政府不得不在2009年提前举行选举，结果政府在选举中失利。同时，一些公民组织成立了具有1500人规模的公民议会，讨论宪法的重新修订问题。新政府接受了该想法，并于2010年组织选举了一个有25位公民的议会，负责重新编写宪法。整个宪法的编写过程是参与式的，法律文本在网上可以查阅。三分之一的冰岛公民签署了请愿书，要求对偿还银行留下的债务举行公投①。2010年和2011年分别征求的民众意见表明，大多数冰岛人拒绝为这份债务买单。选民自始至终将他们的要求强加给政界。现在，芬兰宪法也允许公民向议会日程提交议案，条件是议案必须得到5万人（即总人口的1%）的支持。

冰岛的贡纳尔·格里姆松和罗伯特·比亚尔纳松参加了宪法改革后，决定为公民社会提供民主参与工具，于是创建了公民基金会，2010年上线了两个平台。选民可以在平台上评论议会讨论的计划以及雷克雅未克的市政府候选人项目。雷克雅未克市的新民选代表要求一个专门的网站——"更好的雷克雅未克"让公民合作管理城市。网站自开放以来，共有7万名居民（城市总人口为12万）参与其中。

---

① 公投的内容是，2008年冰储银行（Icesave）破产后，是否接受由冰岛偿还伦敦和海牙出借的39亿欧元。

第三节　公民候选人

冰岛的海盗党也在飞速发展。海盗党由以前维基解密和国民运动的活动分子比基特·钟士多蒂创建，该党支持直接民主和政治生活透明化①。紧接着，在世界上的60多个国家都诞生了海盗党，且瑞典海盗党和德国海盗党都在议会取得了席位。

在一个冰岛这样的小国家内可行的事情，在更大范围内是否可行呢？只要公民社会足够强大，能够动员起来，答案就是肯定的。2011年的印度就是如此。当年，数万民众连续数月走上街头，反对腐败丑闻。一场反腐运动开始了，并于2012年诞生了一个小的公民党派——普通人党（AAP）。该党派的标志是一把扫帚，表明清扫政界的意愿。令大家震惊的是，2013年和2015年，AAP两次在地区选举中取得胜利，赢得了首都新德里的首席部长一职。

2015年，巴塞罗那同样见证了一个来自公民社会的候选人团体的胜利。当选为市长的阿达·克劳是住房权利的共同发起人及发言人、反全球化主义者以及胜利党（即后来的巴塞罗那共同联盟）成员。胜利党与发展自西班牙愤怒者运动的"我们能"党类似。2014年，在一座深受金融危机、驱逐和失业影响的城市，胜利党组织街区会议，与居民交流沟通，随后编写了一份宣言，提

---

① 以及改革版权法，让作家可以自由接触资料和保护网络上的个人信息。

议"重新占有机关，使之为公民和共同利益服务"。2015年，阿达·克劳与协会活动者、生态学家、工团主义者、"我们能"党成员以及一些社会运动①成员结盟，组成巴塞罗那共同联盟，该联盟让她一举成为巴塞罗那的左翼新市长。

　　阿达·克劳的一个创新点是邀请居民参加起草胜利党的道德公约。为此她使用了一个网络互动平台——"开源民主"（DemocracyOS），该平台2012年由一群年轻人（大学生、企业管理人员、程序员等）在阿根廷创建。这款可免费自由（OS意为开放源码）使用的软件有18种语言，让民众可以参与各个层次的公共决策（包括政党、政府、议会、大区、市政府等）。"开源民主"现已在多地投入使用，包括突尼斯、肯尼亚、纽约、墨西哥和西班牙（"我们能"党使用）。在法国，"开源民主"团队于2015年针对情报法组织了第一次公民咨询会，随后与楠泰尔市镇合作。"楠泰尔是第一个创办街区议会的城市，该城市现在希望通过建立一个线上开放空间，一个持久的政治广场来对公民参与进行革新②。""开源民主"在法国的主席维吉尔·德维尔解释道。

　　在阿根廷，年轻的"开源民主"共同创始人皮亚·曼奇尼③说服了布宜诺斯艾利斯的立法机构于2014年使用该平台，用民众的集体智慧丰富市政府的法案。同时，她还成立了一个公民党派——网络党，输送公民社会的候选人到2013年的立法机构中。他们的理念是"黑客民主"，即进入立法体系，捍卫公民的声音。

---

① 联盟成员还包括向所有人公开任命的公民候选人。

② 参见https://participez.nanterre.fr/。

③ 参见她的视频：www.ted.com/talks/piamancinihowtoupgradedemocracyfortheInternetera。

法国的"我的声音"运动奉行同样的理念——一些名不见经传的人成了国民议会议员，在议会上为公民发声。"我的声音"是因对政界的失望而进行作斗争的方式，正如该运动的创办视频①中总结的那样："我们感觉被一个并不尊重我们的政治体系困住了"，"它的谎言，它的不信守承诺还有它的不人道，都让我们厌恶"。一些匿名的民众在视频中如是说。这些民众强烈表示想要"建立一个和我们一天天描绘出来的世界相似的政界——自由、合作、相互联系、相互依存"。

该运动的代表人基泰里·德维尔潘表示，"'我的声音'是一群参与运动的公民"，该运动挑选志愿候选人，按国民议会议员的标准培训他们，并抽签决定谁成为候选人。一旦被选中，这些出自该运动的候选人便会在国民议会上捍卫公民在互动网络平台上民主辩论的观点和"重点"。这是一种"黑客国民议会的方式，也就是说，在这个过时的体系中引入另一个软件，改变其范式，给充满怀疑的地方重新带去信任"。

她说，自2015年建立以来，"我的声音"受到了"快把我们淹没的"热烈欢迎。"我们的视频点击量超过30万次，会议吸引的人老少皆有，这是一群从没有投过票的老年人和年轻人。我们看到的是激动和热忱。"最终，不管候选人是否当选，我们的理念都是创造一种方式——自由的软件平台可以让其他公民随时随地使用这一参与式工具。而且，我们的平台"适应任何层次，包括城市、大区、国民议会、上议院和欧洲议会"。"关键是让公民进入政治决策的中心，"基泰里继续说道，"因为该问问自己，面对几年以后的全球化、税务天堂和战争时，我们的权利是什么了。依靠世界公民的意识我们才能获得成功。所以，要完全

---

① 参见www.youtube.com/watch?v=3eQ4XrgBQBE。

投入到参与者的角色中去，用纸牌搭建的城堡正在倒塌。要行动起来，用构建、创造和建议将愤怒转化为正能量。"

第四节　"公民科技"的飞速发展

在这些民主革新的试验中，数字工具无疑扮演了重要的角色。作为一个富有创造性的、多样的、持续发展的领域，公民科技（Civic Tech）让公民得以了解政府生活并参与其中。2013年，巴西爆发了反对公共交通税率上升的游行示威活动，随后，两个年轻人，亚历山德拉·奥罗菲诺和米格尔·拉戈一鼓作气创建了"我的里约"。该运动在网上和社区街道共聚集了20万居民，通过向市政府施压，获得在学校、安全、交通和城市革新等方面更优质的服务。此外，居民还自己绘制了一张下水道和破旧房屋的分布图。由于只有居民的小额捐助，所以居民得以捍卫自己的计划。在巴西的其他城市，例如库里提巴、累西腓、阿雷格里港[①]等，也建立起了相同的网络，这些网络的共同目标是重新掌握城市的日常生活。

另一些平台绘制了一张公务员和民选代表腐败的群众地图。例如突尼斯由"我监视"协会创建的Bilkamcha，或者是印度的"I Paid A Bribe"（我行贿了），该互动平台的访客数量超过1200万，可以帮助公民实时报告国内的腐败问题，同时也给未贪

[①] 参见www.meurio.org.br; www.foundadores.nossas.org。

污受贿的公务员敲响警钟。"我行贿了"运行良好、成绩显著，
其他国家，例如巴基斯坦、肯尼亚、斯里兰卡、菲律宾和希腊等
也纷纷开设了同类平台。"贿赂点"的全球应用也可以举报贪污
行为。在印度，管理"我行贿了"的协会——人民的力量协会推
出了"我改变我的城市"①，该应用的运行模式与"我的里约"类
似——公民利用该平台揭露公共机构的不良现象，提出建议，并
可以详细了解城市的预算情况。

在美国，"公民黑客之夜"正是怀着同样的目的定期聚集来
自各个城市（尤其是纽约、奥克兰、西雅图、波士顿、迈阿密和芝
加哥）的公民，共同制造改善城市生活的数字工具。在"公民黑客
之夜"中，街区居民、研究员、数据记者、协会成员以及程序员共
同创造一些实用项目，例如帮助刚到城市的人找到好的公立学校，
帮助无家可归的人找到空房，清点尚未实现无障碍化的地区，或者
公布城市预算。这些将公民参与和网络的集体力量结合在一起的
"公民黑客之夜"，在加拿大和英国的许多城市都有分布。

非赢利性组织"美国代码"为黑客日提供赞助，并开发一些
公民与行政机构之间合作的开源工具。美国代码由一位年轻的耶鲁
大学毕业生詹妮弗·帕尔卡于2009年创建，目前已说服了多个大城
市（芝加哥、波特兰、华盛顿、波士顿、西雅图……）加入这场参
与性游戏。例如旧金山已接受开放城市数据，包括能源网、交通网
以及街区的社会经济布局网。数据开放让公民互动应用的开发变得
更为容易，而这些互动应用的目的是让城市服务更高效。

此外，纽约还开设了一个合作中心——公民大厅，欢迎所有
公民科技的参与者，包括公民、黑客、协会成员、社会企业家、研

---

① 参见www.Ipaidabribe.com; www.youtube.com/watch?v=3PwxM8CmH0; www.
Ichangemycity.com。

究员、城市代表、记者以及艺术家。大家共享技能，讨论公共挑战，共同解决城市面临的问题，例如污染、水资源、流动性、不安全性、团体生活和社会包容等。在旧金山（"超级公众"）、洛杉矶、圣地亚哥（"公民创新实验室"）、芝加哥（"Ui实验室"）、巴塞罗那和巴黎等城市也出现了一些城市实验室①。

同样，大量数字平台也发展了起来，希望在民选代表、公民、企业和协会当中围绕某个城市项目组织辩论，例如诞生在柏林并发展到欧洲5个国家的新兴组织Civocracy.org，或诞生于法国的Citizers.com。"民主2.1"②是一个线上投票工具，由捷克的数学家兼反贪污活动家卡雷尔·贾内杰克开发，目前已在多个国家投入使用，包括捷克共和国、突尼斯、葡萄牙、美国和中国，纽约的参与性预算也在使用。

在美国，一些像Pollenize.org或Iside With.com的网站也会帮助投票人比较地区选举或国家大选中候选人的计划。智利的智能投票平台和法国的合作网站Voxe.org（目前已发展到欧洲、亚洲、美洲和非洲的多个国家）都具备相同的功能。还有一些网站可以监督立法工作，例如智利的"开会平台"③或者加拿大的"民主监督"，公民通过该平台对立法机构施压，修改了加拿大的110多条联邦法和省法。法国的Parlement-et-Citoyens.fr网站则让公民可以参与议会法律提案的编写。

手机客户端应用也在增多，利用这些应用，公民和民选代表

① 这些城市实验室一般由谷歌、微软等大公司提供赞助，有一些也会由基金会或大学赞助。

② www.d21.me/，阅读有关该网站创建者的采访请见网址www.paristechreview.com/2015/09/29/democratie-2-1-mathematiques-politique/。

③ 民主监督和智能投票都源于智利的基金会——"智能公民"（Ciudadano Inteligente）。

之间可以开展对话，改革地方民主。法国的手机应用主要有Stig、Vooter、Fluicity、Questionnez vos élus、City2Gether以及Neocity。在这些应用上可以回答公共机构发起的咨询调查、反映问题、提供想法、讨论地方计划、进行公民动员或者向选举推荐候选人。

不管应用的领域是什么，这些公民科技工具在世界范围内均被广泛使用，虽然在法国还比较少，但在美国的部分地区已经占有一席之地。这些工具潜力巨大，正在逐步形成国际网络——拉丁美洲立法透明网聚集了拉丁美洲11个国家的民主观察站；Poplus是一个由活跃分子和程序员组成的国际社区，为扩大全球公民参与度开发开源合作工具。这些应用的增多，表明年轻一代试图通过在政治中加入公民参与，使之重新活跃起来；同时也说明有必要调整两个世纪以来未曾发生变化的民主结构，使之适应教育水平高、消息通达的现代公民社会。

总体来看，这些用于公民表达的新型实验室——居民议会、参与性预算、公民候选人团体、公民科技互动平台、公民土地运动都奉行三个共同原则：参与性、民选代表责任制以及透明度。最终，这些实验室会逐渐促进一种合作民主的出现，与合作经济的诞生一样。根据雷克雅未克试验的"流动式民主"①模式，随着政治非专业化，公民候选人中走出民选代表，公民社会参与公共决策的到来，多种形式的参与式管理也将产生②。其背后是一种乌托邦式的想法——让民主形式变得更理想化，即自由公民的社区的形式，公民共同参与公共财产的制定与运用。

---

① 例如，卢瓦克·布隆迪奥建议"分担民主"应该成为政府的一个分支，见他所著的书《民主新精神》，门槛出版社，《思想共和国》丛书，2008年。

② 2000年年末出现的概念，用于指代一种结合传统选举和公民参与的混合模式。见多米尼克·希尔奈的《流动式民主：二十一世纪真正的民主》，2015年12月3日（www.abondance.info/democrati-liquide-la-vraie-democratie-du-21e-siecle-medium/）。

第十章

公民医疗中心

享受可能获得的最高健康标准是
每个人的基本权利之一，不因种族、
宗教政治信仰、经济及社会条件而有
所区别。

——《世界卫生组织组织法》，日内瓦，1946年

人类是互不理睬的神奇物种。

——阿尔贝·加缪

第一节　美国的免费诊所

在纽约州伊萨卡市的市中心，这座现代建筑物平稳坐落在一条宁静的街道上。候诊室的墙面是淡黄色的，一对带着小女孩的年轻夫妇正耐心等待着。他们旁边，坐着一个棕色头发的男子，头发很短，面色苍白，两颊有些凹陷。"这里有很多无业游民，有些人从一个地方漂泊到另一个地方。这些流浪者或单独，或成群，没有经济来源，需要最基本的医疗卫生保障。"诊所的主任贝瑟尼·施罗德一边带我参观，一边向我解释。

这不是一家普通诊所，而是一家非赢利诊所，它向所有人，尤

其是向穷人提供免费咨询和免费药物。"医生还会帮助他们找到社会救济，"贝瑟尼解释说，"对社会救济的需求很大，现在我们每天接待的病人是一开始的3倍。多数人都在25岁到50岁之间，这些人没有收入，没有医疗保险，或者保险只能覆盖一小部分。"

这家诊所是该市的居民建造的。创造了区域货币之后，居民认为要为那些既没有医疗保险又不享受医疗补助计划（这两者是美国公共社会保障的两方面）的人做点什么。1997年，居民决定成立一个公民互助会，即伊萨卡健康联盟，该联盟有一项特殊基金，用于资助特定的医疗对象，例如牙科。由于居民的自愿捐助，基金增加到了10万美元。随后诊所于2006年动工，2010年建成时其所在地已变得更加现代化。

整个城市都为这家诊所做了贡献——家具和设备由居民提供，除了基金会的资助，诊所的预算全靠公民的捐助[①]。诊所的管理人员——医生、护士、针灸师等都是志愿者，他们轮班上岗，以确保每周能够提供多日咨询。贝瑟尼说："我们要对这些病人负责，他们没有钱，没有别的选择。"贝瑟尼还在康奈尔大学开了一场讲座，吸引了一批学生志愿者。同时，她还与当地医院建立了一个服务互换的系统，后者允许她免费做化验研究。

贝瑟尼的贡献远不止这些，她还"与一群作家和大学研究员合作，共同寻找经济区域化的方法"。她住的房子因为使用太阳能，部分实现了能源自给自足。她还开垦了一块菜园，并把多余的菜分给周围的人。她笑着说道："最好是为解决问题添把力，而不是给问题本身加把火。"

美国还有1200多家诊所和伊萨卡一样，为不在医疗体系内的病人提供免费医疗服务，公民在为诊所捐款的同时，还提供志愿

---

① 纳税免扣。

服务①。1969年在加利福尼亚州伯克利市建成的一家诊所，是一家"街道医院"，这里的志愿者医生纷纷表示，健康是"人类的基本权利，它不应该跟盈利扯上关系"②。另一家在旧金山的诊所，1994年由两位家庭医生帕特里夏和理查德·吉斯成立，自开业至今，已经免费治疗了数千位没有医疗保险的病人③。

在欧洲，希腊持续受金融危机影响，许多公共医疗中心都关门了，近百万人失去了医疗保险。在公民的志愿组织下，自2009年以来，建成了50多家诊所和药店，免费为最贫困的人群诊疗④。

第二节　比利时的自我管理医馆

美国的有些公民诊所已经有40多年的历史，比利时医馆的创始人也是受到这些公民诊所的启发。皮埃尔·德里斯马博士是瑟兰的巴蒂斯塔·范肖文医馆的一位全科医生，他说，比利时的医馆直到1968年以后才出现。"当时，比利时的学校里有学生行动委员会，尤其是在医学院，这些学生想在他们的职业生涯中继续政治活动，于是这些非赢利性医馆诞生了。他们坚信是劳动者都是平等的，医

---

① 其中的一些诊所受联邦救济，自2001年开始，都整合进了全国自由和慈善诊所协会中（www.nafcclinics.org）。

② 参见http://www.berkeleyfreeclinic.org。

③ 参见http://www.sffc.org。

④ 来源：http://solidaritefrancogrecque.wordpress.com/liste-des-dispensaires-sociaux-2/。

患之间也是平等的，也就是说治疗决策由大家共同决定。"

这些医馆提供集中治疗，这种方式能够将多种职业各科医生、全科医生、护士、牙医、体疗医生以及心理学家等，结合在一起从而实现医疗跟踪和社会跟踪，同时将病人的家庭情况、社会情况和经济状况考虑在内。皮埃尔·德里斯马总结说："这是一种公民医疗体系，"它在这个健康已经变成赢利手段的"极度自由的世界中时刻捍卫着团结和社会公正的价值观"。

这些医馆由员工自我管理，联合患者代表，有时是互助会。自1979年开始，医馆由人头税资助，人头税出自每个月提供给病人的医疗保险，这些钱可以覆盖医馆80%的支出，其余部分由补助金填补，因此，看病是免费的。如果不是免费诊疗，很多人可能会放弃治疗。

如今，比利时大概有130家医馆①，"并且还在不断增多，"皮埃尔补充说，"每年都会增加四五家。事实上，我们的模式很有诱惑力，因为多学科的团队可以提供更全面的诊疗服务。同时，医学领域中的女性越来越多，妇女在这里可以更好地组织协调，例如生育期间可以换班。"目前，根据地区的不同，医馆可以提供5%到8%的医疗服务。"在布鲁塞尔甚至达到了10%，而且这个数字一定还有增长空间，最终可以覆盖比利时医疗服务的25%到30%。"皮埃尔估计道。

在马克思主义运动——所有权力归工人运动（该运动随后发展成为比利时劳动党，PTB）中，另一个免费的医疗网络建立了起来。1971年，两位全科医生克里斯·麦克斯和米歇尔·莱尔斯在安特卫普市旁的工人城市霍博肯建立了一家医馆，标志着该医疗网络开始形成。几年来，他们提供一种亲近家庭的社会医疗，

---

① 见医馆联合会网站www.maisonmedicale.org; www.vwgc.be。

特别是治疗冶金工人铅中毒的孩子。在整个比利时，11间医馆联结成了一张名为"人民医业"[①]的网，这张网已经免费治疗了几万名病人，而麦克斯和莱尔斯建成的医馆就是这张网的发端。

澳大利亚和新西兰也有一些与医馆类似的机构，尤其是加拿大的安大略省[②]，在那儿，100多个医疗中心对外提供预防和治疗服务，护理人员与一些社会支持团队合作工作，以应对有时会出现的较为复杂的情况，例如家暴、毒瘾、贫困和流浪等。这些医疗中心还设有街区临时托儿所、供没有住所的年轻人临时休息的地方和食品购买合作社，并对未成年母亲进行跟踪和关注。

第三节　发展中国家的赤脚医生

印度是另一个务实的国家，在医疗领域也颇具创新精神。该国的公民医疗机构在不断增多，例如加尔各答市的一位居民阿施施·达斯，还是学生的时候他就有一个习惯，收集不用的药物并分发给穷人。他后来建立了一家提供免费医药的国民银行——哈特科拉医疗银行。成了一张由咨询中心和巡回诊所组成的巨大网络，志愿者医生每年治疗几千位病人[③]。创建于2006年的"阿沙活动网"是一个赤脚医生组织，该组织的两位创始人谢利·巴特拉

---

① 参见http://gvhv-mplp.be。

② 参见http://www.health.gov.on.ca/french/public/contactf/chcf/chcmnf.html。

③ 鲁奇·乔杜里的《所有的能量都在你们中间》，联合印度，2011年6月7日，www.indiatogether.org/2011/juin/hlt-medbank.htm。

和桑迪普·阿胡贾培训了几千位公民，共同对抗结核病。他们配备联网的平板电脑，深入农村和贫民区提供48小时的治疗服务。在印度，650万名患者就是这样得到了治疗，而柬埔寨接受治疗的患者人数超过6.8万。

在南部的喀拉拉邦，10万名受过护理培训的公民帮助7万名临终的病人在家中度过余生。这张可以缓解病人痛苦的临终关怀地区网收效良好，创始人苏雷什·库马应多国政府（泰国、斯里兰卡、约旦、印度尼西亚、西班牙……）之邀帮助他们建立这种模式。

印度还创造了团结医院的理念。两个高科技医院——文格达斯瓦米博士1976年创建的亚拉文眼科医院和心脏外科医生德维·谢蒂2001年建立的那罗延医疗集团综合了互助税、小额医疗贷款和基金会的创新管理模式，每年可免费治疗数百万贫困病人[1]，哈佛大学目前正在研究这种运作模式。

第四节　小额保险与村镇互助会

医疗保险覆盖的不足同样促进了其他国家的创新。在美国，一些居民团体或同一职业领域（农民、工薪阶层）的集体创造了他们自己的非赢利性互助会，与商业互助会竞争。其中一些互助会已有不小规模，例如明尼阿波利斯的健康伙伴公司有140万成员，西雅图的健康合作组织成员人数可达60万。

---

① 这些医院和创新网络的运行在本书作者的《印度制造》中有详细介绍。

在法国，近300万人因缺少资金被互助会拒之门外，于是来自同一城市的居民联合起来，协商将集体医疗保险调到一个合适的价格。这个想法的发起人是沃克吕兹省迪朗斯河畔科蒙社会事务部的助理韦罗妮克·德比，她帮助该镇的几百位居民争取到了统一的保险费，而不论他们的年龄或家庭状况，这样，几代人就团结了起来。该理念很快就以各种不同的形式在许多城市传播开来，例如罗讷省的莫尔芒、莫尔比昂省的埃泰、吉伦特省的库特拉、沃克吕兹省的茹尔当堡、塞纳-圣德尼省的德朗西、比利牛斯-大西洋省的昂代伊和巴约讷、诺尔省的格朗德桑特和阿兹布鲁克等。这种做法值得在所有城市推广，因为参加的人数越多，费率也就越有利。

大多数发展中国家没有社会保障，在公民储蓄团体和小额信贷的促进下，诞生了许多互助会，例如塞内加尔的达喀尔和捷斯微型互助会Wer Werlé，都是由一个妇女团体[1]组织的；或者孟加拉国格莱珉银行创建的格莱珉·格利扬团结保险公司，由非政府组织——印度自我就业妇女协会（Sewa）支持、印度贫民区妇女管理的小型医疗合作社。

世界上还有几千个类似创举，这不是慈善，而是一种社会公平意识，虽然它们无法取代公共医疗体系或社会保障，但当这两者不存在或因为预算原因而被削减的时候，它们的作用就体现出来了。这些医疗领域的创新，说明医疗是共同利益，应该由大家共同管理，多参与一点就够了。

---

① 城市妇女进步协会，见《小额医疗贷款——非洲医疗互助会介绍指南》，国际劳工办公室，2000年。

结 语

重新掌握世界

在我们这个时代，只有为人民而
战才是值得的。要拯救人类，让他们
生存和发展。

——夏尔·戴高乐，1959年3月25日记者招待会

世界上有一种东西比所有的军队
都更为强大，那就是恰逢其时的一种
理想。

——维克多·雨果

第一节　行动的一代

从世界各地如此多的公民运动中可以得出怎样的结论？首
先是公民社会越来越多地掌握了与其息息相关的利害关系。这种
掌控现在还是一种多样的、无声的现象，但在世界各地都在不断
发展。我们进入了一个公民社会十分活跃的时代，创新活动一直
在不断扩展——城市变革、合作社、永续生活组织、微观装配实
验室、自由社区和合作系统，这些创新现在形成了一张张不断发
展、不断重合的全球性网络。这些网络不断增多，使得创新变得

更明显、更可见，同时也表明了面对前所未有的全球危机时人类的共同反应，这场危机在经济、社会、民主和生态4个方面是不可分割的。

事实上，在这个关键时期，地球失衡了——气候异常、对资源无休止的掠夺、可耕种土地过度使用、生态系统退化、森林砍伐和水资源短缺都在威胁着它的生存。动物群进入了新一轮的大灭绝阶段，人类最终也会成为正在消失的物种①。现在的发展模式会继续加剧这种不平等②，让几十亿人处于贫困之中。

不过，也出现了其他一些征兆。人类从来没有像现在这样信息发达、素质高、行动能力强、相互联系，并且已经意识到目前面临的全球性挑战。现在的人类也是历史上最活跃、最具有创造力的一代，尤其是新世纪的年轻人，随着新世纪的到来而成长起来的人——出生在数字文化时代的他们，自己就形成了一个世界性的、相互联系的、不断变化的多元文化群体。仅在美国，新世纪就显示出了自20世纪30年代以来最高的公民参与度，84%的人表达了他们这一代"做些有益的事情来改变世界"的雄心壮志③。

在全球危机时期，这无疑是一种典型现象。早在1929年，弗洛伊德就已经在《文明的代价》一书中指出：面对集体危机，人类在寻找消除痛苦的办法时，会采取两种相反的做法：要么拒绝对方，自我封闭；要么开放合作。这就是我们目前面临的状况。20年间，对特殊群体的身份认同倒退了，地缘政治危机增多了。

---

① 斯坦福、普林斯顿以及伯克利大学的专家发表的一项研究：杰拉尔多·塞巴洛斯等的《现代人类引起物种加速减少——进入第六次生物大灭绝》，科学进展，2015年6月19日。
② 67个亿万富翁所持有的财富占全球二分之一人口共有的财富。
③ 丹·肖贝尔的《74个关于千禧年的有趣事实》，2013年6月25日，http://danschawbel.com/blog/74-of-the-most-interesting-facts-about-the-millennial-generation/。

但与此同时，"积极行动分子"（activist doers）①的社会也出现了，这一代人能够考虑到未来，他们遍布世界各地，一直寻求减少人类对生物圈的影响，力图改变现在的经济模式。在这个充满不确定性的世界，他们的成功——生态系统再生、共同利益的兴起、生态农业的发展、合作的生产和生活方式、化石能源使用的减少——切切实实表明了其他途径是可行的。

从北到南，这些人证明危机是可以解决的，而且办法很简单，很容易在世界各地复制。这些办法减少了人类的无力感，因为每当公民重新掌握环境、工作、货币和消费时，他们就破除了不适合自己的全球化，并在周围建立起一个在全球范围内不存在的理想世界。他们让改变显得真实、具体，充分意识到了自己的行动力。

公民社会从没有过这么多的工具——社会网络、全球实时信息、开源科技、众筹以及能力共享，这些都改变了现状。这些"赋权"工具改善了行动方式，加快了知识与物质交流，强化了民主的表达。一股有效的、水平的、无领导的抗衡势力正在全球展开，它共享并复制着解决地球问题的方案。集体智慧渐渐形成，并开始引起各国政府的兴趣，促进了创新企业的产生②。如今，许多政府在为共同利益着想方面似乎变得越来越无能，在这样的背景下，这种自下而上的变革力量让公民社会成了社会变革中至关重要的参与者。

---

① 安德里亚·斯通的《文明一代卷起了袖子，数量之多前所未有》，《今日美国日报》，2009年4月19日；皮尤研究中心的《新世纪肖像》，www.pewresearch.org/2010/03/11/portrait-of-the-millennials/。

② 事实上，这些创新企业成功用看重能力的参与式管理取代了金字塔模式，例如鹿特丹拥有一万名员工的博组客公司（Buurtzorg）。对于这种新型管理模式，可参见弗雷德里克·拉卢的《重塑组织——进化型组织的创建之道》，我进步出版社，2015年。

第二节　迈向新社区

在世界范围内，这些创新在短时间内大量增加，可见它们还会持续发展下去。首先，因为构成其社会基础的群体不是边缘群体，而是充分融入社会的中产阶级，他们拥有创新所需的物质条件和知识手段，对变革社会有着强大的意愿，创造新的工作、消费、城市居住以及共同生活方式。此外，中产阶级历来都是潮流的创造者，是他们决定了未来的趋势。有趣的是，走在变革运动最前端的是北美洲和欧洲的中产阶级，而他们正是过去其他一些社会大变革的先驱——第一次和第二次工业革命、加入工业资本主义和消费主义时代。所以，当前他们价值观的改变暗示着我们正在展开一场深远而持久的变革。

这些创新满足了真正的需求——它们改变了几千万人的生活，并在很大程度上消除了危机感，这也表明变革还将持续。最后，从合作模式在全球的发展可以看出，新的个人网和资源网，就像帕特里克·蔚五海所说的"思维网"，会继续增多。首先是在变革最触手可及的地区层面，这些地方已经开始考虑人文经济（美国称为"社区经济"），并建立相互依存的新型社区——绿色农业、环境友好、可再生能源网、和谐生态居住、道德财富流通、以合作劳动的模式生产财富和服务、更广泛的地方民主等。

下一步无疑是团结创新的参与者，把他们的成果结合起来，组成地区变革的强有力工具。慢慢地，在多个国家、多个地区发生的改变就看得到了。

　　地球面临的多种危机归根结底是自身的一场变革，这要求我们建立新的模式。不管愿意与否，人类都必须与生物圈进行智慧的弹性互动。塞尔日·拉图什总结说，这场观念上的彻底变革至少需要经过8个相互依存的环节——"重新估计、重新定义、重新组织、区域化、再分配、缩减、再利用以及再循环"[①]。能源枯竭和气候变暖的严重后果已经可以预见，这要求我们从全球贸易流通模式过渡到工作、食物和能源自给自足的地区模式。从实用角度讲，还要综合南北两地的方法，综合运用高科技和低科技[②]。

　　由公民社会发起的这场变革，还没有人知道结局。对当前模式的质疑触及一些大利益集团（石油、金融等），世界动荡让未来晦暗不明。但毫无疑问，公民社会发现了自己的变革力量，并在世界上许多地方勾勒一个更生态、参与性更强、更团结的社会的轮廓。这大概就是正在形成和发展着的未来的开端。

[①] 塞尔日·拉图什的《衰减之路——走向节制社会》，见于阿兰·卡耶，马克·安贝尔，塞尔日·拉图什，帕特里克·蔚五海的《和谐——对话未来的和谐社会》，发现出版社，2011年。

[②] 菲利普·比胡克斯的《低科技时代——走向可持续技术文明》，门槛出版社，2014年。

后　记

新世界正以小规模出现

（与哲学家帕特里克·蔚五海的谈话）

问：现在的发展模式已经宣告失败。从应对全球性巨大挑战来看，上层已显示出它的无能和消极，那么有可能从基层，从地方层面，自下而上地给出回应吗？

答：我们正处于3个周期的末尾。第一个周期持续了30年，是DCD模式——调整（dérégulation）、竞争（compétition）和迁移（délocalisation）的失败；美国大学教授罗伯特·莱克称之为超资本主义时代。这个时代到了支撑不住的时候就会崩塌，但并不意味着这个过程会太平地进行。安东尼奥·葛兰西曾经说："旧的世界已经死亡，新的世界迟迟未出现，在这个半明半暗的时刻，怪物就出现了。"政策封闭和局势紧张都属于这个死去的世界。

第二个周期的终结更具深层意义，是长久占据主导地位的西方现代性模式的终结。马克斯·韦伯把进入现代性模式描述为从"拯救经济"过渡到"通过经济拯救"。这个周期也终结了，因为它没有履行承诺。我们可以看见这种模式的缺点，它既没有促进社会进步，也没有促进道德进步。拯救问题现在再次出现，不单单从宗教的角度，而是从整体角度，尤其是对拯救地球的不断呼吁。

拯救地球实际上就是拯救人类自己。这里有一个根本问题：如何通过高层从这个周期中走出去？答案是进行一场严格的、开放的文明对话——国际社会论坛已经开始参与这场对话，它能在西方现代性和传统文明之间做一个"有选择的挑选"，以期选出两者中更优的一方。

关于西方，我们可以保留解放、思想自由、怀疑权、个性、人权（其中包括女性的权利），但同时也要将坏的东西剔除，例如生命（人类和自然）的物质化、市场基要主义和统治欲，其中，统治欲的一个明显表现就是殖民主义。

关于传统，必须平衡人与自然、社会联系以及解放意识这三方面的优势，避免把信赖变为依赖。这场对话的一个积极的共同点是"美好生活"（buen vivir①）的概念，这个概念是拉丁美洲目前正在讨论的中心。

在两种文明中进行"有选择性的挑选"，可以利用两者中的精华共同建立一个新世界。

我把第三个历史周期的终结叫作"走出新石器时代"，这个周期还处于石器时代。人类必须从石头的冷硬中走出来，才能走向人道化。人类在自己的人道化过程中，需要实现质的飞跃，让智慧与知识比翼双飞。

人类最大的问题，在于自己本身，因为他们要面对自己内在的野蛮。人类怎样才能从有思维过渡到情感？这是一个挑战。甘

_____

① 这一民主生态理念发展于拉丁美洲的土著居民（秘鲁、厄瓜多尔、玻利维亚等），既要求自然平衡（产量足够，但不要过多），也要求基于全体公民平等参与的社会平衡。

地曾经指出过这个关于爱的重大问题，但在这方面仍无人问津。

从历史的角度看，这三个周期的终结趋向同样的结果，终结要伴随巨大变化，而变化是需要时间的。这就是这些相似的运动出现时产生的情况。这些运动是萌芽，是原型，在这段漫长的时间里，它们展现出一种创造性。新世界正以小规模的形式出现。

但全球性挑战也提出了更高的要求——对这三个周期的失败要做好应对的准备。

问：这些不同的创新需要哪些必要条件才能回答这个全球性的问题？

答：要设想一个体系，取代现在处于统治地位的体系，而它又不会变成统治模式。以前的行动很快就围绕着同一条准则展开，所以另一个体系的本质也要重新考虑。要确定，不同或分歧能够产生大结合。为此需要一种民主精神。国际社会论坛之所以能持续下去，是因为它接受了多样性的碰撞，并与之共同努力。

问：这些创新证明，变化正在发生，达到临界质量，就会影响政策选择。挑战不也如此吗？

答：这既是一个临界质量问题，也是一种动力。意识的转变是全方位的，既出现在有替代可能的特殊区域，也出现在占统治地位的体系内，体系内的某些人已经被带动起来。例如，面对区域货币，一些地方民选代表或好奇，或容忍，甚至是支持，从中就可以看出这一点。这些区域容易渗透和相互影响，这些开放的因素可以发挥作用。

（关于政策的改变），要尝试建立某种形式的政治工程，让政界的运转路线发生变动。面对权力时，改变姿态是个大问题。占统治地位的权力压制会产生相反效果，因为面对经济和金融的巨大挑战时，这种压制是无力的，它也不会推进人类的发展。民主不能局限于使权力斗争非军事化（即征服），而应该在发展过程中，重视与建立权力关系——这也是一种创造力，通过合作能够得到加强。

问：在以过度消费主义为准则的世界，如何让"幸福的节俭"这一概念变得更有吸引力？

答：敛财是恐惧死亡的一种无意识反应，而在思想的积累方面，文化创造族比其他人更健康。

……斯宾诺莎认为，有两种基本情感——快乐和恐惧。应该从变化中而不是恐惧中获取力量和榜样。要把改变当作是对生命的邀请，而不是拒绝或障碍。革新可以像节日一样。让"性爱"去对付"死亡冲动"，当前的模式就带有"死亡冲动"的病态特点。用积极、简朴而快乐的生活去回应挥霍无度的糟糕生活。

现在面临的挑战，是要创造能够推动变革的动力，一种具大的吸引力，正如甘地所做的那样。这种模式的吸引力是真实的，超越了死亡——甘地和路德·金都已被杀害，但他们所说的话正在成为现实。

为了实现这一转变，就必须把众多因素结合起来：有创造性的反抗、灵活的角度、有前瞻性的试验以及民主评估，我把这四者称为梦想。这些条件不能彼此分离——有创造性的反抗面对的是死亡的冲动和恐惧；对于"没有替代方案"的说法，灵活的角度能解放想象力，并使民众摆脱震慑，因为震慑是统治的武器，被统治者会接受统治者的言论；有前瞻性的试验可以尽可能长远地试验其预见。

　　人类的状况就像一条需要互助、需要合作的路（因为合作可以增强创造力），同时也会是一条幸福的路。我把文化创造者叫作有趣的合作者，他们是变革的力量。

致　谢

感谢本书写作过程中所有为我提供信息、接待我、陪伴我的人——在美国有伊曼纽尔的慷慨；在纽约有安妮、安德烈·斯皮尔斯以及让-皮埃尔·哈伯尼斯的友谊；在伊萨卡有汉纳·盖尔泽及其丈夫马克的热情接待；让-弗朗索瓦·于格重读本书并给出建议；在蒙特利尔有米歇尔·迪朗及克拉里斯·托马塞的接待；在尼泊尔有姜穆·谢尔帕和巴桑·诺布·谢尔帕的帮助；在爱尔兰有尚恩、迪和诺尔·多兰的协助。同时还要感谢布宜诺斯艾利斯的爱罗沙·普里马维拉、底特律的埃里克·费尔德、布鲁塞尔的罗德里戈·戈维亚、法国的弗朗索瓦·鲁耶以及帕斯塔普村的阿姆里塔·钱德拉穆利。最后，我还要感谢帕特里克·蔚五海接受写本书的后记，并对他和多米尼克·皮卡尔始终如一的友谊表示感谢。